Untersuchungen

im

Buchenhochwalde

über

Wachstumsgang und Massenertrag.

Nach den Aufnahmen
der Herzoglich Braunschweigischen forstlichen Versuchsanstalt
bearbeitet
von

Dr. F. Grundner,
Herzoglich Braunschweigischem Kammerrate und Vorstande
der Herzoglichen forstlichen Versuchsanstalt.

Mit 2 lithographierten Tafeln.

Berlin.
Verlag von Julius Springer.
1904.

ISBN-13: 978-3-642-98620-8 e-ISBN-13: 978-3-642-99435-7
DOI: 10.1007/978-3-642-99435-7

Softcover reprint of the hardcover 1st edition 1904

Vorwort.

Während der letzten beiden Jahre hat die hiesige forstliche Versuchsanstalt die seit dem Jahre 1877 in den Buchenbeständen des Landes durchgeführten Untersuchungen über Massenertrag, Zuwachs und Bestandsformzahlen bearbeitet und legt die dabei gewonnenen Ergebnisse in der nachfolgenden Schrift dem forstlichen Publikum vor. Wenn hiermit bis jetzt gezögert ist, so verfügen wir nunmehr über einen innerhalb des Zeitraumes von nahezu einem Vierteljahrhundert zusammengetragenen Beobachtungsstoff, hinter dem die für die Buche bisher veröffentlichten Erhebungen der übrigen forstlichen Versuchsanstalten, was die Untersuchungsdauer anlangt, ziemlich erheblich zurückbleiben.

Ich gebe die Bearbeitung, zu der ich im Jahre 1877 den Grundstein legen durfte und die 26 Jahre später abzuschließen mir vergönnt gewesen ist, mit dem Wunsche aus der Hand, daß sie sich für Wirtschaft und Wissenschaft nützlich erweisen möge.

Für die Förderung, die der forstlichen Versuchsanstalt bei Veröffentlichung dieser Schrift durch Herzogliches Staatsministerium und Herzogliche Kammer zuteil geworden ist, möge es mir gestattet sein, hier meinen gehorsamsten Dank auszusprechen. Es verdient ferner besondere Anerkennung, daß die Beamten des äußeren Forstdienstes der Versuchsanstalt bei ihren Untersuchungen im Walde stets freundliches Entgegenkommen und Unterstützung bewiesen haben. Endlich sei auch Allen denen, die bei den Vorarbeiten sich betätigt haben, sowie insbesondere meinen beiden treuen Mitarbeitern, den Herren Oberförster Holtzberg und Forstassessor Dörr, für ihre Mitwirkung herzlich gedankt.

Braunschweig, im Oktober 1903.

Grundner.

Inhaltsübersicht.

Zahlen-Übersichten.

Einleitung.

Zu den ersten und wichtigsten Aufgaben, die sich die hiesige forstliche Versuchsanstalt nach ihrer zu Anfang des Jahres 1877 erfolgten Errichtung mit höherer Genehmigung stellte, gehörte vor allem auch die, Untersuchungen über den Wachstumsgang, den Massenertrag und die Form der Rotbuche in normal geschlossenen Hochwaldbeständen anzustellen. Die Notwendigkeit derartiger Untersuchungen für die Forstwirtschaft unseres Landes ergab sich ohne weiteres aus dem Umstande, daß der Buchenhochwald in den staatlichen Kammer- und Klosterforsten sowie auch in den übrigen Waldungen des Herzogtums seiner räumlichen Ausdehnung nach von allen Holz- und Betriebsarten die erste Stelle einnimmt. Denn nach den im Jahre 1900 angestellten forststatistischen Erhebungen sind von den Kammer- und Klosterforsten 34 733 ha (= 43 % der Gesamtfläche), von den Privatforsten 13476 ha (= 46 % der G.-Fl.) mit Buchenhochwald bestanden, während der Fichtenwald, dessen Ausdehnung der des Buchenwaldes nahekommt, in den Kammer- und Klosterforsten immerhin nur 31513 ha und in den Privatforsten 3982 ha umfaßt.

Wie sich hiernach für die Untersuchungen in Buchenbeständen ein sehr umfangreiches Waldgebiet darbot, so zeichnete sich dieses zugleich durch einen reichen Wechsel der geologischen Verhältnisse aus und umfaßte endlich alle Höhenlagen, die für die Buche in Norddeutschland von wirtschaftlicher Bedeutung sind.

Noch im Herbste 1877 wurden die Ertragsuntersuchungen im Buchenhochwalde auf Probeflächen, die zu diesem Zwecke festgelegt und meist zu wiederholter Aufnahme ausersehen waren, in Angriff genommen, und auch in den nächsten Jahren wurden diese Erhebungen in solchem Maße gefördert, daß wir heute über ein sehr ausgedehntes Netz ständiger Versuchsbestände verfügen, die seit ihrer Festlegung und ersten Aufnahme in Zeitabschnitten von 5 bis 7 Jahren wiederholt aufgenommen sind. Die Zahl der bis zum Jahre 1901 im ganzen erfolgten Massen- bez. Grundflächen-Aufnahmen mit Einschluß derjenigen Durchforstungs-Versuchsflächen, die für die vorliegende Bearbeitung mit benutzt werden konnten, ist folgende:

1. Massenaufnahmen.

	Standortsklassen					
	I	II	III	IV	V	I—V
Flächen mit 1 maliger Aufnahme	4	13	22	4	2	45
„ „ 2 „ „	11	25	25	6	1	68
„ „ 3 „ „	9	11	6	2	—	28
„ „ 4 „ „	—	—	2	—	—	2
Anzahl der Flächen	24	49	55	12	3	143
„ „ einzelnen Aufnahmen	53	96	98	22	4	273

2. Grundflächenaufnahmen[1]).

	Standortsklassen					
	I	II	III	IV	V	I—V
Flächen mit 1 maliger Aufnahme	—	—	1	—	—	1
„ „ 2 „ „	—	5	6	2	2	15
„ „ 3 „ „	2	11	16	3	1	33
„ „ 4 „ „	8	16	9	5	—	38
„ „ 5 „ „	14	18	17	2	—	51
„ „ 6 „ „	—	—	2	—	—	2
„ „ 9 „ „	—	—	4	—	—	4
Anzahl der Flächen	24	50	55	12	3	144
„ „ einzelnen Aufnahmen	108	197	230	43	7	585

Die Aufnahmen erfolgten stets durch den jeweiligen Assistenten der forstlichen Versuchsanstalt, so daß die Gleichmäßigkeit der Aufnahmemethode bestens gesichert erscheint. Als Assistenten waren tätig von 1877 bis 1880 der Verfasser, von da bis 1886 der jetzige

[1]) In den Zahlen der Grundflächenaufnahmen sind die Zahlen der Massenaufnahmen mit einbegriffen.

Forstrat Nehring, von 1886 bis 1889 der jetzige Kammerrat Block, sodann die jetzigen Oberförster Beddies (1889 bis 1892), Salle (1892 bis 1896) und Holtzberg (1896 bis 1902), während seit dem 1. April 1902 der Forstassessor Dörr bei der Anstalt als Assistent wirkt. Den Assistenten waren zeitweise Hülfsarbeiter beigegeben, namentlich bot sich in den Jahren 1880—92, während welcher Zeit der im Jahre 1897 verstorbene Geheime Kammerrat Horn der forstlichen Versuchsanstalt und der Forsteinrichtungsanstalt gleichzeitig vorstand, vielfach Gelegenheit, Beamte der letzteren Anstalt den Assistenten zur Hülfeleistung zuzuteilen und auf diese Weise die auch für Forsteinrichtungszwecke wichtigen Aufnahmen rascher zu fördern.

Die Untersuchungen wurden auf fast alle Landesteile ziemlich gleichmäßig verteilt mit Ausnahme allerdings des Solling-Gebietes, in dem bis jetzt nur zwei Einzelflächen einer Durchforstungs-Versuchsfläche für die vorliegenden Zwecke nutzbar gemacht, Buchen-Ertragsprobeflächen aber überhaupt noch nicht aufgenommen werden konnten.

Nach den natürlichen Landesgebieten entfallen

A) auf das Hügelland und die Ebene im nördlichen Hauptteile des Herzogtums im ganzen 44 Flächen. Hiervon gehören an:

1. dem Flachlande der norddeutschen Tiefebene (in etwa 100 m Meereshöhe[1])) 4 Flächen im Forstamts-Bezirke Wolfenbüttel,
2. dem Hügellande und zwar
    a) dem großen Buchenkomplexe des bis zu 327 m ansteigenden Elmes 31 Flächen in den Bezirken Königslutter, Groß-Rohde und Schöningen in 185 bis 307 m Höhe,
    b) dem Lappwalde, der bis zu 205 m ansteigt, 2 Flächen in den Bezirken Helmstedt und Marienthal, 135 und 150 m hoch belegen,
    c) dem Höhenzuge der Lichtenberge nördlich der Innerste 8 Flächen im Bezirke Lichtenberg in 165—230 m Meereshöhe;

[1]) Höhe über N.N.

B) auf den Harz überhaupt 47 Flächen und zwar
1. auf den Ost- oder Unterharz (östlich der Linie Wernigerode-Nordhausen) in den Bezirken Blankenburg, Stiege, Hasselfelde I und II: 23 Flächen in einer Höhenlage von 390—546 m,
2. auf den West- oder Oberharz (westlich der bezeichneten Linie) 24 Flächen in den Bezirken Hohegeiß, Wieda, Harzburg I und II, Seesen I und II, zwischen 260 und 555 m Höhe liegend.

C) Im Hügel- und Berglande zwischen Harz und Weser endlich sind 47 Flächen belegen, davon
1. an dem Höhenzuge vor dem Nordwestrande des Harzes 7 Flächen im Bezirke Lutter a. Bbge. zwischen 235 und 305 m Meereshöhe,
2. an dem Höhenzuge vor dem Westrande des Harzes 10 Flächen im Bezirke Seesen II in 270 bis 360 m Höhe,
3. in dem Hügellande zwischen Nette und Leine (Gandersheimer Hügelland) 8 Flächen im Bezirke Gandersheim, 215—310 m hoch,
4. am Hils in den Bezirken Vorwohle, Grünenplan nnd Scharfoldendorf 15 Flächen in einer Höhenlage von 250—360 m,
5. am Ith im Bezirke Scharfoldendorf 6 Flächen, 230—340 m hoch,
6. am Holzberge im Bezirke Stadtoldendorf 4 Flächen, 390 m hoch, und endlich
7. am Sollinge im Bezirke Holzminden I 2 Flächen in einer Höhe von 320 m.

Von größter Mannigfaltigkeit sind die geologischen Verhältnisse der Probeflächen, die sich in gleichem Wechsel auf einem verhältnismäßig so kleinen Gebiete wie dem von uns bearbeiteten in Deutschland nicht wieder zusammenfinden dürften.

Außer dem Diluvium, das als Lößlehm auf zwei Flächen vertreten ist, finden sich weiter die Kreide (Pläner, Flammenmergel und Hils), der Jura (Ton und Dolomit), dann vor allem der Muschelkalk und der Buntsandstein, jener am Elm auf den meisten Flächen von diluvialem Blocklehm in einer Schicht von wechselnder Stärke überlagert, am Harze sodann der um dessen nordwestlichen und westlichen Rand in einem schmalen Bande gelagerte Zechstein, ferner die verschiedenen Arten der Grauwacke (die jüngere Kulm-Grauwacke, die mittlere Elbingeröder und die ältere Tanner), die Tonschiefer (Zorger und Wieder) und der Hauptkieselschiefer. Von den Eruptivgesteinen sind der Diabas, der diesem verwandte Schalstein, der Granit und der Gabbro vertreten.

Ein Bild, wie sich die Versuchsflächen auf die verschiedenen Formationen und Gesteinsarten verteilen, bietet die folgende Übersicht.

	Anzahl der Flächen					
	Standortsklasse					im ganzen
	I	II	III	IV	V	
Tanner Grauwacke	—	—	—	1	—	1
Unterer Wieder Schiefer	—	1	2	1	—	4
Haupt-Quarzit	—	—	1	—	—	1
Oberer Wieder Schiefer	—	—	2	2	1	5
Hauptkieselschiefer	—	—	2	2	—	4
Zorger Schiefer	—	—	1	—	—	1
Elbingeröder Grauwacke	—	3	5	—	—	8
Kulm-Grauwacke	1	6	5	—	—	12
Zechstein	—	2	1	—	—	3
Buntsandstein	3	3	3	—	—	9
Muschelkalk (z. T. überlagert von diluvialem Blocklehm)	17	18	24	2	—	61
Unterer Jura	—	1	—	—	—	1
Mittlerer Jura	1	—	—	—	—	1
Oberer Jura	—	7	5	—	1	13
Hilssandstein	—	—	—	—	1	1
Flammenmergel	1	2	—	—	—	3
Plänerkalk	—	4	1	—	—	5
Diluvium	1	1	—	1	—	3
Diabas	—	—	1	3	—	4
Schalstein	—	1	1	—	—	2
Granit	—	1	—	—	—	1
Gabbro	—	—	1	—	—	1
	24	50	55	12	3	144

Nach der absoluten Höhenlage verteilen sich die Flächen auf die Höhenstufen wie folgt:

Höhenstufen	Standortsklassen					
	I	II	III	IV	V	I—V
bis 100 m	1	2	—	—	—	3
101 — 200 „	3	4	3	1	—	11
201 — 300 „	13	21	21	2	2	59
301 — 400 „	7	19	13	—	—	39
401 — 500 „	—	—	6	5	1	12
501 — 555 „	—	4	12	4	—	20

Die der ersten Höhenzone angehörigen drei Probeflächen haben eine Meereshöhe von 95 bez. 96 m, die am höchsten belegene Fläche hat eine solche von 555 m.

Die Verteilung endlich auf die Forstamts-Bezirke ist folgende:

Forstamts-Bezirk	Standortsklasse					
	I	II	III	IV	V	I—V
1. Wolfenbüttel	1	2	1	—	—	4
2. Lichtenberg	3	4	1	—	—	8
3. Königslutter	—	2	8	—	—	10
4. Groß-Rohde	—	5	7	—	—	12
5. Schöningen	1	1	5	2	—	9
6. Helmstedt	—	—	—	1	—	1
7. Marienthal	—	1	—	—	—	1
8. Blankenburg	—	2	1	—	1	4
9. Stiege.	—	—	8	5	—	13
10. Hasselfelde I	—	—	—	1	—	1
11. „ II	—	—	3	2	—	5
12. Hohegeiß	—	1	—	—	—	1
13. Wieda	—	2	2	1	—	5
14. Harzburg I	—	1	1	—	—	2
15. „ II	—	—	1	—	—	1
16. Lutter a. Bbge.	6	1	—	—	—	7
17. Seesen I	1	5	2	—	—	8
18. „ II	6	7	4	—	—	17
19. Gandersheim	4	4	—	—	—	8
20. Grünenplan	1	4	—	—	—	5
21. Scharfoldendorf	—	7	5	—	2	14
22. Stadtoldendorf	—	—	4	—	—	4
23. Vorwohle	1	1	—	—	—	2
24. Holzminden I	—	—	2	—	—	2
Zusammen	24	50	55	12	3	144

I. Die Aufnahme der Probebestände.

1. Größe und Festlegung der Flächen.

Wie im allgemeinen die Vorschriften des Arbeitsplanes der Versuchsanstalten für die Aufstellung von Holzertragstafeln bei der Aufnahme der Probebestände befolgt sind, so hat man insbesondere auch, was die Größe der Flächen anlangt, an diesen Bestimmungen festgehalten und ist demgemäß unter die Größe von 0,25 ha nur sehr selten und stets nur in Beständen der jüngsten Altersklasse heruntergegangen. In mittelalten Beständen war man nicht selten in der Lage, 0,5 ha große Flächen auszuwählen und bei älteren Beständen hat man mehrfach Flächen von 1,0 ha, in einem Falle sogar eine solche von 2,0 ha Größe wählen können.

Sämtliche Flächen, soweit sie zu periodischer Wiederaufnahme von vornherein in Aussicht genommen wurden, sind durch Vermarkung der Eckpunkte oder flache Umfangsgräben derart festgelegt, daß über die Zugehörigkeit der Stämme zu der betreffenden Fläche kein Zweifel obwalten kann.

2. Beschaffenheit und wirtschaftliche Behandlung der Bestände.

Der seit den Zeiten des Hofjägermeisters Johann Georg von Langen meist vor der Mitte des 18. Jahrhunderts in unserem Herzogtume in geordnete Bahnen gebrachte sogenannte Stangenholzbetrieb hatte auf großen Flächen schon in der zweiten Hälfte desselben Jahrhunderts dem gleichalterigen Buchenhochwaldbetriebe mit natürlicher Verjüngung (dem Femelschlagbetriebe im Sinne Karl Heyers) weichen müssen. Von letzterer Betriebsform standen daher normal geschlossene Bestände der verschiedenen Altersklassen in hinreichender Menge zur Verfügung, bei denen es außerdem sehr zu statten kam, daß sich bei uns ein geregelter Durchforstungsbetrieb meistenorts schon in den ersten Jahrzehnten des 19. Jahrhunderts — früher als in vielen anderen deutschen Staaten — eingebürgert hatte.

Die für den Absatz des Brennholzes günstige Lage unserer meisten Buchenforsten sowie der schon frühzeitig begonnene Ausbau guter Waldwege in Verbindung mit den auf den Forsten lastenden Brennholz-Gerechtsamen und Deputaten bewirkten, daß die Massenabnutzung schon seit dem zweiten Jahrzehnte des vorigen Jahrhunderts, wo alsbald nach den Befreiungskriegen für sämtliche Forsten neue Wirtschaftspläne entworfen wurden, eine durchaus angemessene war, wie denn ferner diese Pläne, indem sie für Abtriebs- und Vornutzungen getrennte Hiebssätze auswarfen, wesentlich dazu beitrugen, daß bei der Abnutzung die Verjüngungshiebe nicht auf Kosten der Durchforstungen bevorzugt werden durften.

So fanden wir denn, als wir im Jahre 1877 mit den Ertragsuntersuchungen begannen, fast überall gut durchforstete Bestände vor, deren Kreisflächen und Massen bei gleicher Höhe hinter denen der meisten süddeutschen und schweizerischen Bestände, die von Baur, Schuberg, Meister bei Aufstellung von Ertragstafeln verwendet wurden, meistens so erheblich zurückblieben, daß wir anfangs geneigt waren, diese Besonderheiten auf einen von dem süddeutschen abweichenden Wachstumsgang zurückzuführen. Wenn beispielsweise für die I. Standortsklasse im 120jährigen Alter von Baur eine Kreisfläche von 45,5 qm, von Schuberg sogar eine solche von 49,7 qm angegeben wird, so sind das Werte, wie sie in unseren Forsten selbst ausnahmsweise kaum vorkommen. Wenn man freilich in neuester Zeit hat beobachten können, daß die süddeutschen Kreisflächen sich mehr und mehr den unserigen genähert haben — beispielsweise ist in der württembergischen Buchen-Ertragstafel von Eberhard auf I. Bon. im 120jährigen Alter die Kreisfläche auf 39,3 qm zurückgegangen —, so kann man nicht mehr zweifelhaft darüber sein, daß die Abweichungen, die wir damals als die Merkmale verschiedener Wachstumsgebiete zu erkennen glaubten, lediglich oder doch vorzugsweise in der Verschiedenheit der wirtschaftlichen Behandlung begründet sind.

Die Ertragsprobeflächen[1]) wurden etwa bis zum 60jährigen Bestandsalter nach dem B-Grade der früheren Anleitung des Vereins

---

[1]) Hinsichtlich der bei der Bearbeitung mit berücksichtigten Durchforstungsversuchsflächen ist bei jeder Einzelfläche der auf ihr angewandte Durchforstungsgrad besonders angegeben.

deutscher forstlicher Versuchsanstalten für Durchforstungsversuche mäßig durchforstet, weiterhin ging man über diesen Grad insofern hinaus, als man neben den unterdrückten auch noch die stärker im Wuchse zurückgebliebenen Stämme entnahm, so daß die Durchforstungen im Sinne dieser Anleitung als zwischen dem B- und C-Grade stehend bezeichnet werden können.

Auf einen Aushieb schlechtgeformter Vorwüchse und sonstiger Stämme mit fehlerhafter Stammausformung, insbesondere der Zwiesel, wurde bei den ersten Durchforstungen, denen die Probebestände unterzogen wurden, noch nicht Bedacht genommen. Erst seit einigen Jahren, insbesondere bei der letzten Durchforstung, hat man sich die Entfernung derartiger schlechter Stammformen angelegen sein lassen und wird dies in enger Anlehnung an die Forderungen der neuen Anleitung zur Ausführung von Durchforstungs- und Lichtungsversuchen auch in der Folge tun.

Besonders verdient noch hervorgehoben zu werden, daß in einigen mit Brennholz-Gerechtsamen schwer belasteten Bezirken, namentlich in denen der früheren Inspektion Seesen, wo infolge von Übernutzungen und Kalamitäten an haubaren Beständen Mangel war, schon seit mehreren Jahrzehnten in den über 50 bis 60 Jahre alten Beständen der besseren Standorte sehr starke Durchforstungen ausgeführt waren. Die in Beständen solcher Art eingelegten Probeflächen zeichneten sich durch Zuwachsleistungen aus, die, weil sie verhältnismäßig geringen Stammzahlen zugute kamen, die Stärke-Entwicklung und Kronenbildung der verbliebenen Stämme in hohem Maße gefördert hatten und die daher, zumal sie außerdem einen wertvollen Beitrag zu der Frage, ob stark oder schwach zu durchforsten sei, zu liefern versprachen, zu unseren Untersuchungen mit herangezogen wurden.

Anderseits war eine Anzahl von Beständen am Unterharze, die einer geringeren und zwar meist der 4. Ertragsklasse angehörten, wegen ihrer größeren Entfernung vom Markte bisher einem weniger intensiven Durchforstungsbetriebe unterworfen gewesen, und ist es hauptsächlich diesem Umstande zuzuschreiben, daß diese Standortsklasse bei den unten folgenden Zusammenstellungen der Probebestände durch verhältnismäßig hohe Stammzahlen sowie große Grundflächensummen und Massen sich auszeichnet.

3. Kluppierung der Bestände.

Die Kluppierung der Bestände erfolgte in 1,30 m Höhe über dem Boden, nachdem diese Meßstellen zuvor bei der ersten Aufnahme mittels eines Ölfarbenanstriches bezeichnet waren. Da ohne eine solche Bezeichnung — die leider nicht von sämtlichen Versuchsanstalten gleich von Anfang an vorgenommen ist[1]) — auf die Gewinnung sicherer Ergebnisse aus periodisch wiederholten Stärkeaufnahmen nicht gerechnet werden kann, so bedarf diese Bezeichnungsweise hier besonderer Erwähnung.

Nachdem die vom Verfasser schon bei den ersten Aufnahmen angestellten Versuche ergeben hatten, daß zur Erlangung genauerer Ergebnisse eine einfache Kluppierung nicht genüge, wurden regelmäßig von jedem Stamme zwei Durchmesser („übers Kreuz") auf volle beziehentlich bei den geringen Stangenhölzern auf halbe Zentimeter genau ermittelt und sodann die Kreisflächen für die doppelte Stammzahl berechnet. Die Kluppierung wurde in der Regel von fünf zu fünf Jahren wiederholt. Von den ältesten im Jahre 1877 aufgenommenen Probeflächen lagen somit bis zum Herbst 1901, wo mit der vorliegenden Bearbeitung begonnen wurde, fünf, von zwei Flächen sechs Grundflächenaufnahmen vor. Von den beiden im Jahre 1857 angelegten Durchforstungs-Versuchsflächen am Elme standen sogar neun Aufnahmen zur Verfügung.

Es bestand anfangs die Absicht, die Kluppierungsergebnisse für sämtliche Aufnahmen hier im einzelnen mitzuteilen, da auch ich der Ansicht bin, daß bei wissenschaftlichen Veröffentlichungen die Grundlagen tunlich eingehend beigegeben werden sollten. Indessen mußte hiervon schließlich mit Rücksicht auf die hohen Kosten, die der Abdruck der betreffenden Zahlen verursacht haben würde, abgesehen werden.

Eine Numerierung der Stämme ist, obgleich sich solche bereits auf den von der Herzogl. Braunschw. Forstverwaltung im Jahre 1857 festgelegten Buchen-Durchforstungs-Versuchsflächen — wo diese Bezeichnungsweise meines Wissens zum ersten Male beim forstlichen Versuchswesen angewandt wurde — als ein überaus wertvolles, ja als das einzige Mittel zur Gewinnung eines genaueren

---

[1]) Beispielsweise hat die Kgl. Württemb. Versuchsstation, wie Lorey in seinen Ertragstafeln für die Fichte S. 54 ausdrücklich bemerkt, auf ihren ständigen Ertrags-Probeflächen die Meßpunkte erst seit dem Jahre 1890 genau bezeichnet.

Einblickes in die Stärkezuwachsleistungen der einzelnen Stammklassen bewährt hatte, später auch von anderen Seiten als solches erkannt[1]) und laut Beschlusses des Vereins der forstlichen Versuchsanstalten vom Jahre 1886[2]) empfohlen wurde, bei der ersten Aufnahme der Probebestände aus finanziellen Gründen und um zuvörderst die Untersuchungen auf eine größere Zahl von Beständen ausdehnen zu können, noch nicht erfolgt. Erst seit dem Jahre 1898 werden auf meine Veranlassung sämtliche Stämme bei den Aufnahmen mit Nummern versehen und unter den letzteren mit ihren Durchmessern in Lagerbüchern vermerkt, so daß in der Folge der Stärkezuwachs jedes einzelnen Stammes genau verfolgt werden kann.

Angesichts der großen Bedeutung, die, wie weiter unten dargelegt werden wird, einer genauen Feststellung des Gesamtgrundflächenzuwachses für das von mir gewählte Verfahren der Ertragstafel-Aufstellung beizumessen ist, empfiehlt sich dringend eine tunliche Verfeinerung der Aufnahmemethode hinsichtlich der Baumstärkeermittlungen. Es wird deshalb künftig die Kluppierung nach der bezüglichen Vorschrift der „Anleitung zur Ausführung von Durchforstungs- und Lichtungsversuchen“ übers Kreuz auf gerade Millimeter genau erfolgen, auch sollen die Kreisflächen unmittelbar aus den erhobenen Durchmessern mit Hülfe der in der hiesigen forstlichen Versuchsanstalt berechneten „Kreisflächentafel für forstliche Versuchsarbeiten“, Braunschweig 1903, ermittelt werden.

Nicht unerwähnt mag auch bleiben, daß die Durchmesserermittlungen auf den Probeflächen seit einigen Jahren mit Kluppen der Friedrich-Böhmerleschen Konstruktion ausgeführt werden, die aus Magnalium — einer Legierung von Aluminium und Magnesium — hergestellt sind. Mit diesen sehr genau gearbeiteten, leicht zu regulierenden und zugleich durch geringes Gewicht sich auszeichnenden Kluppen werden zweifellos genauere Ergebnisse erzielt als mit den früher benutzten Holzkluppen.

---

[1]) Vergl. Riniker, Der Zuwachsgang in Fichten- und Buchenbeständen. Davos 1887.

Weise in „Aus dem Walde“, 1887, S. 101 ff.

Grundner, Die Beteiligung der Stärkeklassen am Bestandszuwachse. Allgem. Forst- u. Jagdzeitung 1888, S. 7 ff.

[2]) Protokoll der Versammlung des Vereins deutscher forstlicher Versuchsanstalten zu Straßburg 1886.

4. Stärkeklassenbildung.

Nach Urichs Methode wurden behufs der Bestandsmassenermittlung in der Regel 5 Stärkeklassen mit gleichen Stammzahlen gebildet.

Bei einer kleineren Anzahl von Probebeständen wurde auch das von Block angegebene Verfahren der Bildung von Stärkeklassen mit konstanten Stammzahlen[1]) angewandt, allerdings mit der Abänderung, daß die Stammzahlen der einzelnen Klassen auf 100 bez. 200, bei den geringeren Durchmesserstufen jüngerer, stammreicher Bestände selbst auf 400 für 1 ha erhöht wurden. Diese Änderung erschien aus praktischen Gründen notwendig, da, abgesehen von der andernfalls in jüngeren Beständen zu bildenden großen Anzahl von Klassen nur unter Zugrundelegung solcher höheren Zahlen für die stärkeren Stammklassen überhaupt normale, nicht zu den Vorwüchsen gehörende Probestämme gefunden werden konnten und da ferner in den mittleren Stärkestufen bei Annahme von „Fünfzigerklassen" die Probestämme für zwei bis drei benachbarte Klassen in ihren Stärken fast vollkommen übereinstimmten.

Abweichend von der Bezeichnungsweise einiger anderer Versuchsanstalten ist es bei der hiesigen Anstalt vom Beginne der Untersuchungen an üblich gewesen, bei der Numerierung der Stammklassen mit den stärksten Stämmen zu beginnen und demgemäß bei der Teilung nach Urich das stärkste Fünftel der Stämme als erste, das schwächste Fünftel als fünfte Stärkeklasse zu bezeichnen.

5. Probestamm-Aufnahmen.

Die für die Stärkeklassen ausgewählten Probestämme, die zur Ermittlung der Bestandsmassen dienten, wurden sehr sorgfältig nach dem Arbeitsplane für die Aufstellung von Formzahl- und Baummassentafeln berechnet, und zwar wurde das Derbholz auf stereometrischem Wege in einmetrigen Abschnitten aus Länge und zwei auf Millimeter abgegriffenen Mittendurchmessern kubiert, die Reisigmasse dagegen auf dem Wege der vollständigen Wägung in Verbindung mit probeweiser Wasserkubierung ermittelt.

Neben der Derbholz-, Reisig- und Baummasse wurden von sämtlichen Probestämmen auch die unechten Derbholz- und Baum-

---

[1]) Vergl. Allgem. Forst- u. Jagdzeitung 1889, S. 233.

formzahlen berechnet, und sind diese (von überhaupt 2012 Stämmen), wie bekannt, in Horn-Grundners allgemeinen deutschen Formzahlen und Massentafeln für die Buche, Berlin 1898, mit verarbeitet.

6. Bestandshöhen.

In jedem Bestande wurde mit Hülfe der Probestämme berechnet:

a) die Oberhöhe, d. h. die mittlere Höhe der ersten (stärksten) Stammklasse des bleibenden Bestandes,

b) die arithmetische Mittelhöhe des letzteren und

c) die sogenannte mittlere Massenhöhe[1]) desselben nach der Formel:

$$H_v = \frac{v_1 h_1 + v_2 h_2 + \ldots}{v_1 + v_2 + \ldots}. \qquad 1)$$

Endlich wurde noch ermittelt (vgl. S. 31):

d) die arithmetische Nebenbestandshöhe.

Außerdem sind bei zahlreichen Massenaufnahmen mindestens fünf Stärkeklassen-Mittelstämme sowie ein die mittlere Kreisfläche aufweisender Stamm auf ihre Höhenentwicklung durch Auszählung der Jahrringe in 2 m langen Abschnitten untersucht, so daß uns ein sehr reichhaltiges Material inbezug auf die Frage, ob grundsätzliche Ver-

---

[1]) Ausdrücklich möchte ich bemerken, daß ich die Formel 1) bei Übernahme der Leitung der Versuchsanstalt bei dieser in Anwendung gefunden habe. Es hat sich nicht mit Sicherheit ermitteln lassen, auf wen sie zurückzuführen ist. Die Frage, welche der Höhenformeln, ob 1) oder eine der Formeln

$$H_v = \frac{V}{g_1 f_1 + g_2 f_2 + \ldots} = \frac{V}{\frac{v_1}{h_1} + \frac{v_2}{h_2} + \ldots} \qquad 2)$$

$$H_g = \frac{g_1 h_1 + g_2 h_2 + \ldots\ldots}{g_1 + g_2 + \ldots\ldots} \qquad 3)$$

nach rein theoretischen Erwägungen den Vorzug verdient, lasse ich hier unerörtet. Ausschlaggebend für die Beibehaltung der Formel 1) war der Umstand, daß für die Praxis ein irgendwie ins Gewicht fallender Unterschied nicht hervortritt, mag man nun bei der Berechnung der mittleren Bestandshöhe als Gewichtszahlen für die Höhen der einzelnen Stärkeklassen die Grundflächen, die Faktoren g f oder die Massen in die Formel einführen. Wie eine hinreichende Anzahl von vergleichenden Berechnungen ergeben hat, weichen die Ergebnisse meist nur einige wenige Zentimeter von einander ab. Es durfte daher, auch unbeschadet der Vergleichbarkeit des mir vorliegenden Untersuchungsstoffes (Bestandshöhen und Bestandsformzahlen) mit dem anderer Versuchsanstalten, die sich der Höhenformel 3) bedient haben, davon abgesehen werden, unser Material nach der letzteren umzurechnen.

schiedenheiten hinsichtlich des Höhenwachstumsganges der Bestände obwalten, zur Verfügung stand. Im ganzen lagen uns Höhenanalysen von 119 Bestandsaufnahmen vor.

Die Ergebnisse dieser Analysen im einzelnen mitzuteilen, würde zu weit geführt haben.

7. Durchmesser-Analysen.

An den auf den Höhenwachstumsgang analysierten Probestämmen wurde in der Regel auch eine Analyse inbezug auf die Durchmesser-Entwicklung in Brusthöhe (1,30 m vom Boden) ausgeführt. Diese Untersuchungen wurden freilich, wie wir weiter unten sehen werden, bei der Bearbeitung von Ertrags- und Zuwachstafeln nicht verwertet, weil die angewandte Methode dies entbehrlich machte. Gleichwohl habe ich die Ergebnisse dieser mühsamen und ihrem Umfange nach wohl einzig dastehenden Stärke-Analysen in dieser Schrift mitteilen zu sollen geglaubt (vergl. S. 15ff.), um hierdurch ihre Bearbeitung für wissenschaftliche Zwecke auch von anderer Seite zu ermöglichen.

Bei den Analysen ermittelte man, ausgehend von dem bei der betreffenden Aufnahme sich ergebenden mittleren Bestandsalter, die Durchmesserstärken für die Alter von 10, 20, ... Jahren und für das dermalige Bestandsalter. Die infolge weiterer Aufnahmen nicht selten vorgekommenen Änderungen inbezug auf diese Altersangaben (s. S. 29) konnten selbstverständlich hierbei nicht mehr berücksichtigt werden.

(Forts. S. 29.)

Vorbemerkungen zu der folgenden Zusammenstellung:

1. In dieser Übersicht werden die Brusthöhen-Durchmesser der analysierten Probestämme in Millimetern nachgewiesen.
2. Unter „Nr.“ ist die Nummer der Probefläche, mit der diese im Lagerbuche vermerkt steht, angeführt.
3. Die Zahlen unter „A“ bezeichnen die Bestandsalter, für welche die Durchmesser ermittelt sind. Das letzte, bei jeder Fläche zweimal angegebene Alter ist dasjenige zur Zeit der Aufnahme, und sind hierfür zunächst die Durchmesser „ohne Rinde“, darunter die „mit Einschluß der Rinde“ verzeichnet.

   Wenn links neben dem Bestandsalter zur Zeit der Aufnahme eine Zahl in Klammer vermerkt ist, so gibt diese dasjenige Bestandsalter an, das später aus den Ermittlungen bei mehreren Aufnahmen berechnet ist (vergl. S. 29/30).
4. Unter I bis V sind die Probestämme der 5 stammzahlgleichen Klassen (I ist die stärkste, V die schwächste), unter „m“ der die arithmetisch-mittlere Kreisfläche des Bestandes aufweisende Stamm angeführt. Bei den letzten 5 Analysen ist die Bildung der Stammklassen nach dem Verfahren mit konstanten Stammzahlen erfolgt (vergl. S. 12). Die Stammzahlen der einzelnen Stammklassen sind hier jedesmal beigefügt.
5. Wo für jede Stärkeklasse zwei oder mehr Stämme analysiert sind, ist hierauf bei der betr. Fläche hingewiesen. Die Zahlen geben in solchen Fällen die arithmetischen Mittel der Klassen-Durchmesser an.

Zusammenstellung der Durchmesser-Analysen.

Nr.	A	I	II	III	IV	V	m
I. Standortsklasse.							
85[1])	10	14	11	10	6	5	—
	20	67	62	54	44	35	—
	30	122	101	82	69	50	—
	31	123	104	84	71	52	—
(32)	31	129	107	87	73	54	—
42	10	4	16	—	2	6	—
	20	76	66	—	40	48	—
	30	113	109	—	60	71	—
	40	162	140	—	95	88	—
	50	211	172	—	125	109	—
	52	217	176	—	128	111	—
	52	221	180	—	132	114	—
6 III[1])	10	—	—	—	—	—	—
	20	60	35	46	46	28	48
	30	115	73	88	81	57	89
	40	167	139	126	108	89	128
(38)	40	171	142	129	111	92	131
25	10	4	9	9	—	—	9
	20	62	54	47	35	33	50
	30	120	110	75	65	63	80
	40	176	149	119	110	105	120
	50	223	176	152	138	118	163
	51	227	179	156	140	120	166
	51	231	184	159	143	122	170
3	10	—	—	—	—	—	—
	20	42	45	50	18	38	53
	30	82	76	85	61	58	85
	40	138	116	118	90	81	122
	50	182	151	142	107	105	144
	52	201	164	153	131	117	157
	52	204	167	156	134	120	160
3	10	—	—	—	—	—	—
	20	55	68	58	45	42	—
	30	102	104	81	77	67	—
	40	156	139	111	111	94	—
	50	199	171	141	134	117	—
	60	242	200	175	158	135	—
	63	254	208	186	166	139	—
	63	257	213	190	170	143	—
66	10	7	6	7	11	6	—
	20	61	56	50	54	57	—
	30	140	104	104	89	95	—
	40	211	147	142	123	116	—
	50	264	192	176	151	133	—
	53	281	205	185	159	137	—
(56)	53	286	210	188	162	140	—
7	10	—	—	—	—	—	—
	20	48	43	48	34	38	38
	30	101	79	92	68	63	80
	40	156	116	126	102	92	116
	50	202	157	143	126	109	151
	55	224	181	157	140	121	169
(56)	55	228	185	161	144	125	173
7[2])	10	—	—	—	—	—	—
	20	52	40	40	32	27	—
	30	109	83	79	67	57	—
	40	167	126	118	97	87	—
	50	209	161	147	122	118	—
	60	250	198	174	153	135	—
	65	279	215	187	168	140	—
(66)	65	284	220	190	172	143	—
28	10	10	—	6	—	—	—
	20	72	46	85	46	50	38
	30	143	111	142	94	104	151
	40	211	158	177	138	126	164
	50	276	217	205	172	150	212
	60	318	262	234	194	167	253
	65	341	281	251	202	173	264
(67)	65	347	285	257	208	177	269
28	10	—	9	—	—	—	—
	20	33	45	37	35	43	—
	30	87	98	88	78	87	—
	40	180	156	160	136	128	—
	50	261	206	198	172	143	—
	60	315	255	239	213	173	—
	70	358	300	268	236	193	—
	77	377	326	294	250	201	—
	77	383	332	299	254	206	—
27	10	18	18	19	14	12	17
	20	69	81	45	42	47	51
	30	123	147	81	74	84	98
	40	195	204	136	133	122	145
	50	269	246	201	184	156	198
	60	336	279	254	218	184	247
	70	391	313	291	241	197	290
(72)	70	398	320	297	246	197	296
27	10	31	17	11	—	11	—
	20	114	62	49	53	43	—
	30	188	121	95	103	75	—
	40	253	173	142	142	128	—
	50	302	216	190	175	171	—
	60	347	258	237	206	206	—
	70	386	304	279	239	221	—

[1]) 2 Stämme für jede Klasse.

[2]) Für die I.—IV. Klasse je 2 Stämme.

Nr.	A	I	II	III	IV	V	m
	80	417	339	313	268	230	—
	83	425	348	321	276	233	—
	83	430	354	328	280	238	—
4[1])	10	—	—	—	—	—	—
	20	136	91	55	69	34	—
	30	200	130	96	110	85	—
	40	249	204	141	146	125	—
	50	283	246	180	176	151	—
	60	324	279	224	206	173	—
	70	367	311	259	231	193	—
	78	400	331	286	253	208	—
(79)	78	408	338	290	257	212	—
104	10	—	20	19	13	—	22
	20	52	84	63	58	46	74
	30	109	130	105	88	80	109
	40	176	176	144	126	111	143
	50	248	220	185	165	137	183
	60	305	249	218	194	157	220
	70	352	267	240	207	166	248
	71	355	269	242	209	167	250
	71	362	274	248	214	171	254
29	10	5	29	15	14	11	16
	20	43	65	31	67	49	52
	30	81	89	49	98	69	68
	40	133	128	96	122	87	94
	50	184	167	137	146	116	150
	60	242	203	172	165	129	187
	70	278	233	196	180	150	215
	80	314	262	225	189	161	236
	81	324	265	229	190	162	237
(84)	81	336	271	233	194	166	242
88	10	—	—	—	—	—	—
	20	53	34	37	33	11	29
	30	123	72	80	78	53	73
	40	158	106	120	110	80	108
	50	205	158	160	154	118	138
	60	249	202	188	181	145	172
	70	287	233	209	201	161	210
	80	328	259	227	222	174	249
	81	332	263	228	223	175	253
(79)	81	337	267	233	228	179	257
24	10	—	11	19	—	—	—
	20	40	55	66	46	37	—
	30	90	115	111	86	76	—
	40	152	184	161	123	121	—
	50	219	236	197	158	158	—
	60	279	276	232	190	193	—
	70	332	308	267	223	221	—

Nr.	A	I	II	III	IV	V	m
	80	368	334	294	255	241	—
	90	404	357	315	282	256	—
	98	428	376	325	298	265	—
	98	434	382	330	303	271	—
64	10	23	—	—	—	—	—
	20	67	29	20	—	8	—
	30	104	76	52	32	42	—
	40	158	101	104	77	86	—
	50	233	159	158	117	116	—
	60	294	210	206	160	148	—
	70	330	247	240	197	180	—
	80	368	287	267	225	202	—
	87	391	315	283	250	211	—
(85)	87	398	320	289	255	215	—
35	10	9	—	18	—	—	10
	20	46	41	40	40	30	48
	30	88	92	126	88	82	86
	40	130	128	172	124	102	110
	50	184	172	214	154	126	140
	60	262	255	254	200	150	188
	70	318	295	290	224	182	234
	80	370	318	308	250	212	274
	90	416	329	328	266	226	304
	100	456	351	342	280	242	332
	107	488	370	352	286	248	346
(101)	107	494	375	356	292	254	352
2[2])	10	20	15	—	9	16	—
	20	42	45	31	38	34	—
	30	73	73	66	66	62	—
	40	140	129	114	107	95	—
	50	211	197	161	153	134	—
	60	303	262	215	211	180	—
	70	356	310	251	247	207	—
	80	399	341	284	267	226	—
	90	442	368	312	288	242	—
	100	478	396	351	311	262	—
	100	486	418	357	317	268	—
2	10	—	—	—	—	—	—
	20	65	22	63	41	30	—
	30	103	70	102	84	74	—
	40	169	131	160	139	102	—
	50	237	195	200	189	198	—
	60	322	254	237	229	186	—
	70	379	319	276	252	222	—
	80	422	351	298	273	245	—
	90	457	374	321	291	262	—
	100	491	400	345	314	280	—
	110	518	442	372	341	298	—
	111	521	445	373	342	301	—
	111	528	452	382	349	306	—

[1]) Für die I. u. II. Klasse je 2 Stämme.

[2]) 3 Stämme für jede Klasse.

Nr.	A	I	II	III	IV	V	m
1	10	—	8	—	—	—	6
	20	37	40	35	40	43	49
	30	79	74	76	59	64	74
	40	120	154	149	105	95	111
	50	185	210	203	158	125	159
	60	262	258	257	202	171	221
	70	326	297	295	230	216	265
	80	370	325	322	260	246	302
	90	421	359	295	239	273	337
	100	464	397	371	328	298	372
	110	499	431	393	356	317	409
	110	508	440	402	363	324	418
1	10	9	7	30	5	13	—
	20	58	47	53	27	31	—
	30	89	92	72	63	53	—
	40	151	143	101	107	95	—
	50	232	199	121	155	138	—
	60	309	264	206	206	194	—
	70	369	307	254	244	221	—
	80	411	339	293	270	245	—
	90	440	362	325	294	261	—
	100	475	390	363	318	282	—
	110	505	426	398	350	305	—
	120	531	448	418	374	320	—
	123	541	455	429	383	330	—
	123	551	463	436	389	335	—

II. Standortsklasse.

Nr.	A	I	II	III	IV	V	m
15[1])	10	—	—	—	—	—	—
	20	28	25	20	19	—	—
	30	66	57	47	43	—	—
	37	89	74	61	53	—	—
(34)	37	90	75	62	54	—	—
86	10	8	4	7	4	2	—
	20	50	46	34	30	30	—
	30	99	80	66	58	45	—
	34	110	89	74	63	48	—
	34	113	91	76	65	50	—
43	10	23	15	—	12	5	13
	20	65	57	45	32	35	50
	30	118	95	85	65	49	88
	36	144	111	93	79	62	102
(39)	36	148	114	96	82	64	106
43	10	8	4	—	—	4	—
	20	65	45	39	36	34	—
	30	107	75	62	61	51	—

Nr.	A	I	II	III	IV	V	m
	40	154	112	96	87	67	—
	50	206	158	130	113	85	—
	52	213	164	135	115	87	—
	52	218	168	139	119	89	—
18[2])	10	—	—	—	—	—	—
	20	56	43	35	38	28	—
	30	88	75	63	58	47	—
	40	124	104	89	77	62	—
	41	128	107	92	78	63	—
(39)	41	130	109	93	80	64	—
154[3])	10	8	10	—	—	—	25
	20	54	37	40	27	28	40
	30	89	67	61	53	44	68
	40	136	101	86	75	61	92
	43	149	111	91	79	64	102
	43	153	114	94	81	66	104
97	10	13	19	4	—	—	—
	20	58	61	35	37	15	36
	30	96	89	60	61	40	69
	40	134	112	90	80	57	100
	45	155	124	102	88	66	112
(46)	45	158	127	104	90	68	115
9	10	—	—	—	—	—	—
	20	62	46	49	54	32	44
	30	102	82	78	76	51	82
	40	136	109	96	90	72	105
	43	158	124	108	98	78	118
(47)	43	161	127	110	100	80	121
9	10	4	4	—	—	—	—
	20	43	46	35	37	39	36
	30	82	80	66	61	61	74
	40	126	107	95	86	75	107
	50	169	131	114	103	88	128
	52	179	137	118	106	90	132
(53)	52	184	141	122	111	94	135
36	10	—	—	—	—	—	—
	20	39	60	32	40	56	—
	30	127	114	95	83	96	—
	40	177	153	129	106	111	—
	50	217	190	145	133	122	—
	60	263	221	173	154	129	—
	64	281	230	183	160	132	—
(65)	64	287	234	186	164	136	—
21[2])	10	—	—	—	—	—	—
	20	46	36	35	32	30	—
	30	81	75	68	64	60	—

[1]) 5 Stämme für jede Klasse.
[2]) 4 „ „ „ „ .
[3]) 2 Stämme für jede Klasse.

Nr.	A	I	II	III	IV	V	m
	40	133	115	101	93	84	—
	50	168	144	130	117	101	—
	57	195	163	150	133	111	—
	57	197	165	151	135	112	—
12[1])	10	—	—	—	—	—	—
	20	29	26	16	17	18	—
	30	86	62	63	53	46	—
	40	138	102	98	89	74	—
	50	182	143	130	120	100	—
	60	221	170	153	139	120	—
(58)	60	223	172	155	140	121	—
30	10	9	5	6	—	—	—
	20	60	56	43	47	40	—
	30	135	112	98	106	93	—
	40	182	148	132	122	100	—
	50	243	192	172	148	112	—
	60	280	210	190	154	128	—
	65	292	229	199	169	135	—
	65	298	234	202	172	138	—
105[2])	10	16	10	9	12	9	—
	20	61	49	41	44	42	56
	30	105	80	71	65	60	88
	40	146	109	105	88	78	115
	50	192	144	134	110	99	138
	60	225	180	160	129	116	158
	62	232	186	165	133	119	162
(63)	62	236	190	169	136	122	166
37	10	20	—	—	—	—	—
	20	69	52	49	27	47	—
	30	128	104	87	70	77	—
	40	186	171	125	101	104	—
	50	251	239	173	135	133	—
	60	292	286	208	172	158	—
	70	334	302	246	204	175	—
	80	380	312	258	234	189	—
	86	411	316	269	246	197	—
	86	419	322	274	250	201	—
96	10	—	—	—	—	6	—
	20	63	42	40	51	45	53
	30	112	91	84	77	72	92
	40	148	126	112	98	89	123
	50	183	150	134	123	115	151
	60	220	179	161	145	133	175
	70	255	203	186	161	142	193
	72	262	208	189	165	145	196
(71)	72	267	210	194	168	148	201

Nr.	A	I	II	III	IV	V	m
20[2])	10	—	—	—	—	—	—
	20	35	25	23	17	33	—
	30	87	88	75	69	61	—
	40	131	137	127	100	95	—
	50	185	181	172	141	124	—
	60	230	211	201	170	147	—
	70	278	239	223	196	175	—
	73	294	248	231	203	184	—
(72)	73	297	251	233	206	187	—
91	10	—	—	24	—	—	—
	20	27	53	70	30	—	—
	30	61	82	105	59	—	—
	40	110	113	136	89	—	—
	50	156	140	160	126	—	—
	60	203	171	191	161	—	—
	70	240	203	207	185	—	—
	80	276	236	226	204	—	—
	88	299	260	242	216	—	—
(89)	88	305	266	247	222	—	—
11[2])	10	—	—	—	—	—	—
	20	53	47	46	29	41	—
	30	102	95	89	63	71	—
	40	167	150	134	108	106	—
	50	217	189	172	147	133	—
	60	257	222	198	179	155	—
	70	292	250	221	195	173	—
	76	309	261	231	209	182	—
(75)	76	313	263	233	212	184	—
5[3])	10	—	—	—	—	—	—
	20	41	54	40	49	—	—
	30	108	99	78	76	38	—
	40	158	148	106	104	75	—
	50	201	188	139	130	109	—
	60	241	221	173	156	128	—
	70	293	264	227	197	160	—
	80	338	299	261	224	193	—
	87	363	316	280	238	213	—
	87	370	322	285	244	217	—
127	10	12	19	23	4	—	—
	20	64	70	62	85	27	—
	30	109	110	104	132	57	—
	40	152	142	140	167	94	—
	50	201	176	173	188	133	—
	60	245	209	207	204	166	—
	70	285	242	237	217	189	—
	76	308	267	251	221	198	—
	76	314	272	256	226	202	—

[1]) 4 Stämme für jede Klasse.
[2]) 2 „ „ „ „ .

[3]) Für die I. und II. Klasse je 2 Stämme.

Nr.	A	I	II	III	IV	V	m
6[1])	10	—	—	—	—	—	—
	20	50	45	55	61	26	—
	30	84	83	90	84	59	—
	40	126	116	123	104	86	—
	50	171	149	149	121	105	—
	60	215	181	175	141	125	—
	70	250	209	197	164	143	—
	80	285	237	215	181	161	—
	87	305	253	229	195	176	—
(88)	87	310	258	233	199	180	—
114	10	15	—	—	—	—	16
	20	63	34	35	24	11	47
	30	117	77	67	51	43	87
	40	162	123	102	90	82	128
	50	218	166	144	135	113	165
	60	250	202	182	161	136	197
	70	281	229	208	183	152	221
	76	304	247	223	201	161	237
(77)	76	310	252	227	205	165	241
8[1])	10	—	—	—	—	—	—
	20	81	59	28	10	39	—
	30	146	106	64	58	76	—
	40	198	142	89	108	105	—
	50	240	168	125	143	132	—
	60	274	196	166	174	154	—
	70	295	222	200	196	170	—
	80	314	244	227	209	182	—
	89	327	263	244	220	188	—
	89	333	269	248	226	193	—
111	10	20	6	43	28	7	—
	20	72	64	90	66	53	—
	30	133	108	136	104	94	—
	40	181	146	170	138	132	—
	50	231	192	210	172	152	—
	60	298	244	245	204	172	—
	70	346	284	267	231	189	—
	79	384	309	280	245	197	—
	79	391	314	285	251	200	—
140	10	—	—	—	—	—	—
	20	60	65	88	50	51	—
	30	120	100	124	71	87	—
	40	179	141	160	103	120	—
	50	220	184	185	135	138	—
	60	258	212	200	162	153	—
	70	298	239	213	188	157	—
	70	298	239	213	188	157	—
(74)	70	303	245	217	192	160	—
50	10	13	—	33	21	30	—
	20	86	55	88	80	70	—
	30	154	124	148	130	122	—
	40	208	179	183	164	154	—
	50	249	219	215	183	178	—
	60	307	262	242	212	195	—
	70	363	302	262	236	210	—
	80	412	333	285	258	231	—
	90	452	365	317	279	247	—
	99	478	390	346	295	253	—
	99	484	400	353	300	258	—
38	10	—	—	21	—	13	—
	20	45	55	75	68	71	—
	30	117	93	121	122	112	—
	40	178	149	156	175	148	—
	50	214	176	208	220	160	—
	60	261	218	238	247	181	—
	70	311	263	263	260	196	—
	80	358	298	280	268	208	—
	90	395	326	294	273	221	—
	100	429	348	308	276	231	—
	102	436	353	310	278	233	—
(101)	102	443	359	321	283	239	—
32	10	—	—	17	19	9	—
	20	69	51	72	55	41	—
	30	135	93	110	94	73	—
	40	202	141	147	129	118	—
	50	264	178	174	155	132	—
	60	317	208	199	179	159	—
	70	352	243	223	204	176	—
	80	378	279	251	234	202	—
	90	403	312	280	258	219	—
	100	420	346	303	271	231	—
	102	428	353	308	274	234	—
	102	435	360	315	280	240	—
94	10	12	—	—	20	—	—
	20	51	37	34	60	26	51
	30	95	82	66	91	61	80
	40	131	122	93	124	93	119
	50	178	161	129	154	131	156
	60	222	198	166	175	158	185
	70	267	232	198	190	171	218
	80	302	262	229	209	183	246
	90	326	281	255	222	193	265
(91)	90	333	287	262	227	197	270

[1]) Für die I. und II. Klasse je 2 Stämme.

Nr.	A	I	II	III	IV	V	m
115	10	—	—	—	—	—	—
	20	48	22	40	22	30	39
	30	87	73	71	51	63	84
	40	141	123	111	73	91	118
	50	180	167	143	105	113	141
	60	212	198	169	132	129	154
	70	247	223	191	158	150	180
	80	281	239	208	182	163	211
	87	300	250	216	193	169	228
(91)	87	306	254	220	198	173	233
142	10	18	8	—	—	—	—
	20	49	33	31	32	22	—
	30	98	78	78	62	66	—
	40	149	122	117	88	104	—
	50	187	164	149	120	131	—
	60	231	198	184	149	140	—
	70	262	225	209	174	150	—
	80	282	242	223	193	166	—
	90	307	257	235	209	179	—
	92	311	261	238	211	182	—
	92	319	266	242	216	186	—
103	10	14	—	15	—	12	8
	20	59	16	44	23	35	35
	30	115	57	81	58	57	72
	40	162	85	111	83	88	101
	50	209	109	145	106	118	126
	60	248	149	174	144	138	163
	70	281	191	201	168	156	198
	80	313	241	221	202	167	224
	90	338	283	243	222	176	251
(93)	90	344	289	248	227	180	257
95	10	—	—	—	—	—	—
	20	52	39	37	32	10	31
	30	94	76	75	65	48	65
	40	130	114	113	94	77	102
	50	161	152	138	121	100	138
	60	207	188	166	146	121	173
	70	248	212	190	169	140	199
	80	281	239	211	194	164	219
	90	317	269	235	223	185	242
	98	337	287	249	241	197	257
(96)	98	344	291	254	246	202	262
63	10	—	8	—	30	—	—
	20	41	56	42	76	—	—
	30	73	109	103	106	19	—
	40	126	167	142	131	73	—
	50	202	203	179	155	111	—
	60	269	235	214	181	150	—

Nr.	A	I	II	III	IV	V	m
	70	327	270	239	207	181	—
	80	373	297	262	233	212	—
	90	416	327	292	259	231	—
	99	450	350	313	282	250	—
(98)	99	459	357	320	288	254	—
106	10	29	3	11	—	4	—
	20	76	53	46	42	42	36
	30	118	93	77	76	54	84
	40	168	124	114	108	77	130
	50	212	161	157	143	98	167
	60	261	207	195	179	125	202
	70	299	247	217	202	159	234
	80	338	278	236	225	178	258
	90	373	307	272	249	197	281
	100	399	327	292	267	214	302
	103	405	331	296	271	216	307
	103	412	337	302	275	221	312
34	10	—	—	—	—	—	—
	20	36	33	25	42	30	—
	30	64	97	81	76	58	—
	40	87	122	121	106	85	—
	50	126	144	169	140	109	—
	60	173	190	212	178	146	—
	70	209	235	242	204	176	—
	80	259	275	268	229	197	—
	90	304	304	283	253	211	—
	100	358	332	302	272	228	—
	110	401	364	330	294	239	—
	119	443	384	350	309	250	—
	119	450	391	356	316	254	—
60[1]	10	6	17	5	4	7	—
	20	66	74	46	47	54	—
	30	115	129	91	75	81	—
	40	174	177	144	127	127	—
	50	224	225	200	183	159	—
	60	277	263	244	223	189	—
	70	317	293	274	246	212	—
	80	362	324	303	270	233	—
	90	398	350	325	290	251	—
	100	426	376	344	308	265	—
	110	458	401	363	328	280	—
	120	492	425	385	346	293	—
	123	502	431	394	353	298	—
	123	512	439	401	361	305	—
108	10	—	11	12	—	—	—
	20	32	72	38	24	12	6
	30	82	121	80	76	39	57
	40	162	168	128	119	79	93

[1]) 2 Stämme für jede Klasse.

Nr.	A	I	II	III	IV	V	m
	50	207	193	179	154	122	135
	60	255	219	213	177	164	181
	70	303	244	241	201	204	212
	80	354	272	269	227	227	246
	90	389	298	293	251	245	285
	100	423	320	317	274	258	311
	110	446	345	337	298	270	336
	120	474	372	360	320	283	365
	125	488	379	372	331	286	379
(126)	125	499	388	378	338	291	387
62[1])	10	19	—	—	31	—	—
	20	66	27	56	54	30	—
	30	135	76	75	89	76	—
	40	214	145	144	133	137	—
	50	279	186	202	169	183	—
	60	328	227	243	200	215	..
	70	367	257	278	230	236	—
	80	405	291	304	257	255	—
	90	434	325	328	281	271	—
	100	456	357	347	300	286	—
	110	483	391	368	320	301	—
	120	511	425	390	343	314	—
	123	520	439	398	350	318	—
(127)	123	531	448	406	358	325	—

III. Standortsklasse.

Nr.	A	I	II	III	IV	V	m
98	10	6	7	—	—	—	—
	20	47	32	20	21	16	26
	30	90	70	52	44	38	54
	38	122	92	75	60	56	77
	38	124	94	77	62	58	79
4 II[2])	10	13	10	11	—	—	—
	20	57	44	56	33	28	36
	30	92	72	90	61	56	66
	40	123	104	106	82	76	93
	50	172	142	129	107	92	128
	57	198	161	141	121	105	152
	57	202	166	145	125	108	156
4 III[2])	10	10	32	—	—	—	—
	20	70	56	40	44	29	45
	30	108	90	70	70	63	78
	40	146	118	98	95	81	103
	50	195	157	137	125	106	140
	57	218	178	158	138	117	163
	57	223	182	161	142	119	166

Nr.	A	I	II	III	IV	V	m
46[3])	10	17	19	—	—	—	—
	20	77	48	37	34	24	—
	30	116	79	71	67	59	—
	40	150	106	99	90	80	—
	50	180	144	129	111	95	—
	54	189	153	132	116	98	—
	54	192	158	137	120	100	—
78[2])	10	2	3	-	—	—	—
	20	55	47	25	19	24	43
	30	115	93	57	61	49	85
	40	156	128	89	90	71	108
	45	172	133	105	97	—	118
	46	180	137	114	96	75	124
(47)	46	184	142	118	99	78	127
147[4])	10	—	—	—	—	—	—
	20	38	34	32	23	20	—
	30	85	75	63	62	49	—
	40	125	105	86	86	69	—
	50	166	130	114	99	81	—
	52	172	135	119	102	83	—
	52	176	139	122	104	85	—
155[2])	10	—	—	—	—	—	—
	20	48	32	35	31	29	27
	30	94	74	55	57	48	60
	40	121	99	78	72	59	82
	50	146	121	101	87	72	107
	53	154	127	110	93	74	116
	53	158	130	112	95	76	119
139[2])	10	—	—	—	..	—	—
	20	58	51	46	25	33	—
	30	106	82	79	55	65	—
	40	144	111	102	82	81	—
	48	172	135	121	105	87	—
	48	176	140	124	109	89	—
146[4])	10	—	—	8	—	—	—
	20	45	36	29	32	19	—
	30	80	63	57	50	61	—
	40	113	86	77	70	61	—
	50	140	111	97	84	70	—
	54	153	123	104	89	72	—
	54	156	126	107	92	74	—
151[4])	10	—	—	—	—	—	—
	20	41	47	26	21	17	—
	30	95	77	53	51	43	—
	40	135	113	87	78	67	—

[1]) Für die II. bis V. Klasse je 2 Stämme.
[2]) 2 Stämme für jede Klasse.
[3]) Für die I. bis III. Klasse je 2, für die IV. und V. Klasse je 3 Stämme.
[4]) 3 Stämme für jede Klasse.

Nr.	A	I	II	III	IV	V	m
	50	172	141	118	101	83	—
	58	195	152	131	113	91	—
(56)	58	199	160	135	115	93	—
5 I[1])	10	13	—	—	7	—	10
	20	35	29	28	26	19	41
	30	74	56	54	45	41	73
	40	111	90	84	76	64	96
	50	140	120	110	100	84	115
	60	178	147	132	115	99	136
	68	202	161	146	123	108	148
(69)	68	205	164	149	126	111	151
5 II[1])	10	9	9	—	—	—	8
	20	37	35	30	22	20	32
	30	72	60	55	40	40	58
	40	115	97	84	69	67	89
	50	150	127	112	95	88	112
	60	186	152	137	121	108	135
	68	204	170	152	137	119	151
(69)	68	208	173	155	140	122	154
5 IIIa[1])	10	6	8	5	—	—	7
	20	42	35	37	20	6	31
	30	81	62	63	44	47	58
	40	128	104	102	76	76	103
	50	169	136	128	100	95	135
	58	194	160	140	119	104	149
	58	200	162	145	121	108	152
5 IIIa[1])	10	—	12	12	—	—	13
	20	41	48	43	31	32	34
	30	74	79	68	58	52	67
	40	117	121	100	90	81	106
	50	155	148	124	115	107	136
	60	193	171	148	138	126	159
	68	214	185	162	150	136	173
(69)	68	218	189	166	154	139	177
5 IIIb[1])	10	13	11	9	11	10	—
	20	39	41	38	35	29	31
	30	67	73	64	64	50	59
	40	115	114	103	100	86	101
	50	153	148	132	125	113	136
	60	196	175	157	144	131	164
	68	225	188	175	156	144	181
(69)	68	229	191	179	159	147	184
22[2])	10	—	—	—	—	—	—
	20	33	25	29	19	10	—
	30	87	77	74	57	58	—

Nr.	A	I	II	III	IV	V	m
	40	131	115	104	88	84	—
	50	172	147	129	109	96	—
	60	202	171	150	130	103	—
	60	202	171	150	130	103	—
(59)	60	204	174	152	132	105	—
145[2])	10	9	5	—	11	—	—
	20	47	39	18	36	15	—
	30	85	76	57	64	50	—
	40	123	100	84	84	66	—
	50	155	126	104	96	80	—
	55	171	137	117	101	85	—
(59)	55	174	140	120	103	86	—
14[3])	10	—	—	—	—	—	—
	20	38	36	24	12	9	—
	30	84	75	59	45	35	—
	40	124	102	86	75	58	—
	50	160	128	115	103	85	—
	60	179	152	134	119	101	—
	63	194	159	140	122	104	—
(60)	63	197	161	142	124	106	—
44	10	—	10	—	—	—	—
	20	41	56	32	43	29	—
	30	115	92	99	61	75	—
	40	168	127	156	83	109	—
	50	209	171	175	112	121	—
	60	237	202	192	138	132	—
	70	267	235	206	167	141	—
	76	280	243	213	177	144	—
(77)	76	286	248	218	181	148	—
148[1])	10	4	17	—	—	—	—
	20	48	49	28	28	26	41
	30	110	91	79	55	69	69
	40	161	127	113	89	94	102
	50	195	154	138	120	112	130
	60	231	178	159	143	128	161
	62	236	186	163	148	131	166
	62	241	190	167	151	134	170
45	10	—	14	5	—	—	—
	20	45	72	54	46	13	—
	30	89	114	90	91	53	—
	40	138	159	123	127	96	—
	50	188	200	150	154	117	—
	60	228	229	180	174	140	—
	70	279	250	199	187	152	—
	79	306	257	211	194	157	—
	79	312	263	215	198	161	—

[1]) 2 Stämme für jede Klasse.
[2]) 4 " " " "
[3]) 3 " " " "

Nr.	A	I	II	III	IV	V	m
13[1])	10	—	—	—	—	—	—
	20	54	51	31	42	29	—
	30	98	80	69	69	65	—
	40	133	115	108	97	88	—
	50	166	149	135	123	107	—
	60	199	180	163	145	127	—
	68	221	203	178	158	142	—
(67)	68	224	206	181	160	144	—
152[2])	10	4	4	3	3	—	—
	20	35	25	21	26	17	—
	30	79	63	51	57	44	—
	40	128	103	92	88	69	—
	50	164	144	121	110	95	—
	60	197	168	142	126	109	—
	69	222	182	157	136	118	—
(71)	69	227	186	161	140	121	—
10[4])	10	—	—	—	—	—	—
	20	42	41	40	35	33	—
	30	68	63	70	58	49	—
	40	108	98	101	86	66	—
	50	156	132	138	109	85	—
	60	206	170	165	134	107	—
	70	240	202	185	156	128	—
	80	275	232	201	178	143	—
	84	289	243	208	186	148	—
	84	294	246	213	191	152	—
17[3])	10	—	—	—	—	—	—
	20	29	34	46	24	19	—
	30	81	87	102	58	45	—
	40	126	127	139	92	67	—
	50	171	160	167	125	101	—
	60	216	192	185	156	129	—
	70	257	223	196	177	146	—
	73	268	232	199	183	152	—
(74)	73	271	234	201	186	154	—
19[3])	10	—	—	—	—	—	—
	20	34	28	29	23	24	—
	30	90	71	72	61	47	—
	40	135	110	110	99	77	—
	50	182	150	147	133	107	—
	60	226	193	178	161	130	—
	70	261	225	203	184	154	—
	79	293	249	223	200	169	—
	79	296	252	225	203	172	—

Nr.	A	I	II	III	IV	V	m
2 A	10	—	—	8	—	—	—
	20	37	38	41	41	25	—
	30	103	85	80	86	67	—
	40	159	123	110	107	89	—
	50	204	160	138	125	109	—
	60	242	190	170	145	136	—
	70	279	219	198	171	163	—
	80	309	254	220	192	178	—
	87	334	277	238	211	188	—
	87	339	283	243	215	192	—
2 A	10	—	19	—	—	—	—
	20	30	82	51	53	32	—
	30	88	130	86	85	71	—
	40	165	170	129	118	95	—
	50	217	209	163	145	126	—
	60	256	241	190	171	145	—
	70	301	267	216	195	163	—
	80	326	283	239	210	180	—
	90	350	294	260	223	192	—
	96	361	301	273	228	199	—
(97)	96	368	308	278	232	203	—
2 B[3])	10	19	8	11	10	5	18
	20	71	41	38	52	60	57
	30	117	97	86	84	94	102
	40	163	155	127	114	120	141
	50	202	189	161	137	133	173
	60	244	218	198	165	158	206
	70	296	253	233	195	177	236
	80	336	280	258	224	199	261
	84	351	291	268	231	203	270
	84	357	297	273	237	209	275
2 B	10	5	16	—	—	—	—
	20	46	71	51	20	8	—
	30	95	128	95	55	52	—
	40	155	172	130	112	98	—
	50	207	202	167	148	134	—
	60	249	226	199	174	161	—
	70	288	255	230	199	182	—
	80	324	277	253	226	199	—
	87	353	296	270	245	208	—
	87	361	302	274	250	212	—
2 B	10	14	—	—	—	—	—
	20	73	27	38	20	43	—
	30	127	85	81	83	67	—
	40	191	133	132	123	94	—

[1]) 3 Stämme für jede Klasse.
[2]) Für die I. und II. Klasse je 3, für die III. bis V. Klasse je 2 Stämme.
[3]) 2 Stämme für jede Klasse.
[4]) Für die I. und II. Klasse je 2 Stämme.

Nr.	A	I	II	III	IV	V	m
	50	246	163	171	161	132	—
	60	286	192	202	191	161	—
	70	326	240	244	218	189	—
	80	355	272	269	240	208	—
	90	383	308	289	269	224	—
	96	395	322	297	281	233	—
(97)	96	403	326	301	285	237	—
49	10	—	—	—	—	—	—
	20	53	57	34	15	7	—
	30	110	106	89	52	54	—
	40	158	148	134	85	102	—
	50	204	179	169	116	127	—
	60	232	203	189	146	142	—
	70	262	228	208	174	157	—
	80	288	247	228	193	174	—
	90	314	271	244	212	183	—
	100	338	288	258	227	189	—
(102)	100	345	295	265	233	194	—
150[2])	10	5	—	—	—	—	—
	20	42	27	22	—	—	25
	30	92	68	49	33	45	71
	40	131	104	84	65	80	108
	50	177	152	121	99	114	149
	60	222	188	154	133	134	179
	70	252	213	176	159	144	199
	80	278	233	193	183	151	216
	86	292	241	202	196	155	228
	86	298	246	207	200	159	232
48	10	—	20	—	—	—	—
	20	43	61	35	48	18	—
	30	88	112	81	98	61	—
	40	127	167	121	141	98	—
	50	169	213	154	163	124	—
	60	204	246	177	185	145	—
	70	249	267	206	204	164	—
	80	289	283	230	223	177	—
	90	328	293	253	233	185	—
	100	375	299	275	244	193	—
	101	378	303	277	245	195	—
	101	383	307	281	249	198	—
51	10	19	—	4	12	—	—
	20	62	40	53	52	28	—
	30	103	77	85	84	63	—
	40	139	113	117	110	96	—
	50	181	148	140	135	120	—
	60	231	182	167	157	148	—
	70	291	223	193	181	168	—

Nr.	A	I	II	III	IV	V	m
	80	336	261	226	199	183	—
	90	372	299	256	219	194	—
	100	406	326	282	240	200	—
	101	410	329	285	242	202	—
	101	416	335	289	247	206	—
79	10	6	—	12	—	—	11
	20	27	34	36	10	17	41
	30	45	57	52	25	31	65
	40	74	87	83	43	46	87
	50	120	126	118	97	67	117
	60	195	164	158	138	95	160
	70	258	209	193	175	120	193
	80	306	245	217	195	150	222
	90	340	268	240	—	—	245
	94	354	282	248	212	172	262
(93)	94	360	288	254	214	176	267
47	10	18	—	—	—	—	—
	20	77	59	21	53	34	—
	30	132	101	78	89	82	—
	40	174	129	135	115	111	—
	50	278	165	185	147	142	—
	60	282	191	209	172	161	—
	70	316	214	222	190	169	—
	80	352	246	236	204	178	—
	90	379	273	253	227	187	—
	100	417	299	268	252	196	—
	110	442	323	280	270	210	—
	110	448	329	286	277	216	—
1 II A[1])	10	33	14	12	9	7	—
	20	92	72	25	36	41	40
	30	163	118	52	67	76	79
	40	207	154	97	102	106	117
	50	257	188	131	133	131	155
	60	286	218	160	154	149	182
	70	323	245	185	168	163	204
	80	345	267	208	180	174	225
	90	367	287	233	207	183	254
	100	394	313	267	237	196	288
	109	418	335	294	258	203	317
(111)	109	427	347	301	266	208	323
1 IV B[1])	10	39	11	—	14	8	—
	20	92	36	47	47	39	—
	30	134	79	98	99	73	—
	40	182	121	155	130	99	—
	50	231	167	199	166	138	—
	60	276	211	229	201	162	—
	70	312	247	247	228	180	—

[1]) 2 Stämme für jede Klasse.
[2]) Für die I. und II. Klasse je 2 Stämme.

Nr.	A	I	II	III	IV	V	m
	80	350	273	259	250	193	—
	90	391	306	279	269	207	—
	100	432	346	309	295	231	—
	109	471	380	338	315	254	—
(111)	109	480	387	345	322	260	—
52	10	20	33	—	—	30	—
	20	64	77	52	45	60	—
	30	118	127	89	102	103	—
	40	181	165	130	155	150	—
	50	231	197	179	186	187	—
	60	275	223	204	210	208	—
	70	324	267	243	239	226	—
	80	356	296	274	254	240	—
	90	389	323	302	272	253	—
	100	414	340	320	286	262	—
	110	440	358	337	300	269	—
	120	479	380	356	314	276	—
	128	496	398	364	323	281	—
	128	504	405	370	331	285	—
90	10	—	6	8	—	—	—
	20	26	36	38	30	20	—
	30	71	68	61	61	40	—
	40	108	98	83	99	59	—
	50	152	128	109	131	81	—
	60	197	160	138	162	109	—
	70	228	200	165	187	138	—
	80	255	230	188	208	156	—
	90	281	252	208	222	172	—
	100	309	276	233	235	185	—
	110	336	297	258	248	201	—
	118	355	312	283	259	211	—
	118	362	318	290	265	215	—
54[1])	10	28	47	20	29	22	—
	20	113	98	69	60	50	—
	30	178	150	109	89	82	—
	40	233	189	144	122	109	—
	50	285	220	181	157	128	—
	60	326	245	211	189	152	—
	70	354	265	234	212	173	—
	80	382	287	256	235	193	—
	90	407	309	277	258	211	—
	100	425	333	293	272	230	—
	110	441	356	313	288	250	—
	120	459	377	333	301	267	—
	120	469	385	339	308	273	—

Nr.	A	I	II	III	IV	V	m
109	10	—	34	—	22	—	18
	20	45	116	40	76	17	62
	30	127	168	75	110	71	96
	40	178	209	104	138	113	121
	50	225	235	132	172	148	169
	60	260	263	156	200	176	209
	70	291	288	176	223	191	238
	80	320	310	199	242	205	270
	90	352	331	222	261	218	293
	100	375	348	250	273	228	311
	110	395	360	288	284	236	327
	120	420	376	325	295	243	342
	129	442	390	349	305	251	356
	129	453	399	355	312	257	366

IV. Standortsklasse.

Nr.	A	I	II	III	IV	V	m
80	10	—	—	—	—	—	—
	20	2	20	14	4	—	3
	30	63	57	48	32	13	59
	40	116	88	77	72	46	105
	50	162	131	114	100	75	144
	60	207	168	156	131	106	182
	70	235	195	182	152	128	197
	76	260	209	189	170	143	203
	76	266	214	193	174	146	207
81	10	—	—	—	—	—	—
	20	—	10	12	8	5	10
	30	21	42	54	32	31	42
	40	82	80	91	67	68	77
	50	133	118	122	92	88	108
	60	169	152	156	114	107	133
	70	205	182	176	134	128	159
	80	239	202	192	152	140	180
	90	265	223	—	170	150	201
	93	270	225	197	172	151	206
	93	277	230	202	177	156	211
149[2])	10	—	7	—	—	—	—
	20	24	33	19	—	8	27
	30	52	79	66	33	34	73
	40	112	119	104	73	58	110
	50	163	147	123	99	81	147
	60	207	181	147	134	107	184
	70	239	210	176	162	123	205
	80	260	232	199	176	137	220
	90	284	253	219	182	145	232
	93	290	262	224	184	147	235
	93	296	268	228	189	151	240

[1]) 3 Stämme für jede Klasse.

[2]) Für die I. und II. Klasse je 2 Stämme.

Nr.	A	I	II	III	IV	V	m
3 II	10	—	—	—	—	—	—
	20	51	15	37	37	28	37
	30	78	34	53	56	41	68
	40	100	52	69	68	56	86
	50	151	81	102	90	77	118
	60	191	137	131	108	105	150
	70	223	177	162	130	132	174
	80	256	214	189	156	153	200
	90	294	243	209	178	170	221
	100	320	261	226	198	184	239
	110	346	274	243	215	192	262
	116	358	288	251	225	195	272
	116	365	295	258	232	200	277
3 III	10	—	7	—	—	—	—
	20	48	44	33	21	12	—
	30	78	69	66	45	25	—
	40	102	93	91	58	48	—
	50	162	150	123	90	59	—
	60	217	188	163	125	92	—
	70	264	214	189	153	116	—
	80	304	235	211	176	136	-
	90	338	257	227	193	149	—
	100	366	276	240	208	159	—
	104	378	284	247	215	163	—
	104	385	289	252	220	167	—
3 III	10	-	—	—	—	-	-
	20	29	37	33	28	—	32
	30	71	71	66	57	23	57
	40	98	89	85	81	36	80
	50	185	155	108	114	62	135
	60	241	191	145	153	93	179
	70	286	231	176	179	123	209
	80	325	247	209	188	158	238
	90	349	270	240	206	176	256
	100	366	290	260	226	193	273
	110	380	306	274	241	205	288
	116	389	317	281	248	211	296
	116	397	325	288	254	217	304
3 IV	10	8	—	—	—	—	—
	20	62	39	40	31	17	—
	30	107	73	69	58	26	—
	40	144	99	91	71	35	—
	50	180	144	115	102	73	—
	60	234	180	147	142	109	—
	70	270	212	174	165	135	—
	80	301	241	201	186	154	—
	90	321	258	231	215	174	—
	100	343	280	253	229	193	—
	104	353	292	262	235	201	—
	104	359	298	267	239	206	—

Nr.	A	I	II	III	IV	V	m
3 IV	10	—	—	—	—	—	—
	20	14	39	30	17	31	32
	30	51	66	52	54	59	65
	40	99	96	62	74	84	84
	50	130	141	108	92	111	127
	60	223	187	138	124	148	155
	70	269	229	177	149	173	183
	80	303	267	211	182	192	210
	90	338	290	246	206	211	243
	100	368	308	268	231	225	253
	110	387	319	292	257	237	301
	116	397	325	304	273	243	318
	116	408	334	311	281	250	325
82	10	—	—	—	—	—	—
	20	42	64	22	36	32	—
	30	87	129	56	83	70	—
	40	153	172	108	121	104	—
	50	187	203	143	147	131	—
	60	229	233	188	172	153	—
	70	256	254	217	189	171	—
	80	292	266	236	203	182	—
	90	336	279	250	217	194	—
	100	365	292	263	233	202	—
	102	374	296	266	237	204	—
	102	382	301	271	244	211	—
82	10	—	—	33	—	—	—
	20	70	—	83	—	28	—
	30	144	—	115	—	69	—
	40	207	—	142	31	108	—
	50	254	—	162	62	131	—
	60	287	—	180	103	152	—
	70	311	—	196	141	167	—
	80	337	—	215	174	180	—
	90	359	—	239	204	191	—
	100	379	—	260	223	201	—
	110	395	—	284	245	210	—
	115	400	—	294	253	213	—
	115	408	—	302	260	219	—
153[1])	10	3	—	—	—	—	—
	20	28	14	2	14	—	18
	30	62	32	44	24	9	48
	40	88	56	63	34	37	72
	50	113	84	77	30	53	95
	60	162	122	109	99	65	119
	70	210	159	144	139	89	144
	80	244	191	172	167	132	166
	90	274	213	190	180	150	184
	100	297	237	206	186	157	195
	106	304	245	216	188	167	204
(102)	106	310	249	220	192	171	209

[1]) Für die I. und II. Klasse je 2 Stämme.

Nr.	A	I	II	III	IV	V	m
144[1])	10	18	6	—	—	17	—
	20	51	36	15	20	29	—
	30	81	57	38	38	46	—
	40	125	61	57	58	36	—
	50	160	92	75	81	60	—
	60	188	116	100	107	79	—
	70	219	140	122	126	96	—
	80	243	162	145	138	109	—
	90	263	179	161	149	121	—
	100	284	195	175	156	132	—
	103	288	198	177	158	134	—
	103	293	202	182	163	138	—
41	10	10	—	–	—	—	10
	20	60	33	9	21	26	61
	30	116	65	46	75	55	108
	40	159	102	69	125	76	158
	50	203	141	86	179	98	205
	60	251	181	131	218	116	239
	70	314	215	197	243	134	262
	80	365	257	247	261	156	290
	90	400	285	270	278	180	314
	100	435	327	292	289	202	336
	110	457	356	310	300	229	353
	120	477	381	328	310	254	366
	123	491	394	334	314	266	373
	123	502	402	343	321	272	382
77	10	22	13	—	—	5	—
	20	52	34	13	14	26	—
	30	68	48	29	38	45	—
	40	100	74	59	67	76	—
	50	129	111	76	107	109	—
	60	167	146	108	153	130	—
	70	220	179	152	196	146	—
	80	262	210	186	215	156	—
	90	302	233	223	230	168	—
	100	332	256	256	240	179	—
	110	359	283	272	250	192	—
	120	384	310	286	259	202	—
	130	418	335	298	266	210	—
	135	427	350	304	271	215	—
	135	435	357	311	277	220	—

V. Standortsklasse.

Nr.	A	I	II	III	IV	V	m
93[1])	10	9	6	12	–	—	—
	20	40	39	32	18	5	40
	30	72	64	54	39	25	60
	40	94	87	73	59	41	75
	50	120	107	89	78	56	94
	60	149	127	107	97	74	107
	70	175	142	123	111	89	119
	71	177	144	125	113	92	121
(72)	71	183	149	128	116	95	125
141[2])	10	—	—	—	—	—	—
	20	—	25	23	30	17	—
	30	20	50	41	52	24	—
	40	59	75	64	73	49	—
	50	95	95	83	87	66	—
	60	132	118	102	103	82	—
	70	166	137	119	115	93	—
	80	184	150	134	122	100	—
	90	204	164	149	129	107	—
(91)	90	209	170	155	134	111	—
136	10	—	—	—	—	—	—
	20	61	27	20	15	17	26
	30	86	41	33	35	36	42
	40	116	55	49	47	45	60
	50	139	85	60	66	57	72
	60	158	99	72	81	68	88
	70	173	126	93	96	76	107
	80	189	142	114	103	84	127
	90	206	155	133	108	88	141
	90	212	159	136	112	97	145

1) 2 Stämme für jede Klasse.

2) Für die II.—V. Klasse je 2 Stämme.

Klassenbildung nach konstanten Stammzahlen.

I. Standortsklasse.

	Nr.	A	I	II	III	IV	V	VI	VII	VIII	IX	X	XI	XII
Stammzahl für 1 ha			50	50	50	50	50	50	50	50	50	50	100	120
	6^{III}	10	17	—	—	11	23	8	13	—	12	15	12	20
		20	83	57	72	69	82	63	59	60	69	70	54	59
		30	156	110	138	119	129	117	103	106	113	115	98	93
		40	222	169	190	178	179	159	158	136	153	151	141	128
		50	—	225	-	—	212	192	—	173	—	—	164	—
		51	271	243	232	213	212	199	199	181	180	179	166	149
		51	276	249	238	219	216	203	203	186	185	183	171	154

II. Standortsklasse.

	Nr.	A	I	II	III	IV	V	VI
Stammzahl für 1 ha			200	100	100	200	200	284
	99	10	12	9	—	14	13	9
		20	48	51	42	42	37	38
		30	92	88	79	64	68	58
		40	151	136	125	95	104	82
		50	205	180	167	135	126	109
		58	247	207	190	167	144	129
		58	250	211	194	170	147	132

III. Standortsklasse.

	Nr.	A	I	II	III	IV	V	VI	VII	VIII
Stammzahl für 1 ha			100	100	100	100	200	200	200	284
	151	10	—	—	—	—	—	—	—	—
		20	60	62	66	72	71	20	19	28
		30	116	115	103	115	100	73	75	65
		40	168	152	135	141	129	102	108	90
		50	212	181	165	127	153	133	131	107
		60	242	207	194	184	174	159	144	116
		63	251	215	204	187	183	169	147	119
		63	257	220	209	192	187	172	150	123

	Nr.	A	I	II	III	IV	V	VI
Stammzahl für 1 ha			200	100	100	200	200	312
	152	10	—	2	—	—	—	—
		20	41	31	30	29	22	—
		30	94	77	83	70	58	—
		40	146	115	121	104	90	—
		50	177	145	149	129	113	—
		60	209	167	174	149	130	—
		70	245	187	197	174	147	—
		80	271	209	215	198	161	—
		80	276	214	220	204	164	—

IV. Standortsklasse.

	Nr.	A	I	II	III	IV
Stammzahl für 1 ha			200	100	100	196
	153	10	40	6	10	—
		20	76	31	42	—
		30	95	46	63	12
		40	132	63	85	31
		50	166	84	123	45
		60	201	129	159	88
		70	235	162	184	117
		80	263	185	207	150
		90	286	204	231	174
		100	305	220	253	196
		105	310	230	268	209
		105	316	236	271	213

8. Altersermittlung.

Der größten Sorgfalt bedarf zumal bei der Buche die Auszählung der Jahrringe auf dem Stamme behufs der Altersermittlung. Bei dieser Arbeit mußte nicht selten zur Lupe gegriffen werden, um, zumal bei den zuwachsärmeren Stämmen der geringeren Stärkeklassen und Standortsklassen, die schmalen Jahrringe richtig erkennen zu können. Als Färbemittel hat sich in solchen Fällen am besten die Humuserde bewährt, mit der die Stammabschnitte, wo es nötig war, leichthin eingerieben wurden.

Das Bestandsalter wurde da, wo nur geringe Altersunterschiede vorhanden waren, als arithmetisches Mittel der Alter der Klassen-Probestämme, andernfalls aber nach der Smalianschen Formel:

$$A_v = \frac{V}{\frac{v_1}{a_1} + \frac{v_2}{a_2} + \ldots}$$

ermittelt.

Nicht selten ergab sich, wie das bei Beständen, die aus natürlicher Verjüngung entstanden sind, nicht auffällig ist, bei den späteren Bestandsaufnahmen nicht eine der Zahl der zwischen beiden Aufnahmen liegenden Jahre entsprechende Alterszunahme, sondern ein um einige Jahre höheres oder geringeres Alter. Im ersteren Falle wurde das bei der späteren Aufnahme ermittelte höhere Alter als maßgebend angesehen. Wurde dagegen bei der zweiten Auszählung ein geringeres Alter gefunden, so wurde das arithmetische Mittel aus beiden Aufnahmen zugrunde gelegt.

9. Bestandsformzahlen.

Als ein wichtiges Hülfsmittel für Bestands- und Zuwachsermittlungen werden neuerdings bekanntlich die Bestandsformzahlen angesehen. Zur Berechnung derselben und zwar sowohl der Baum- als auch der Derbholz-Formzahlen stand uns ein so reichhaltiges Material (aus 273 Bestandsmassen-Aufnahmen) zur Verfügung wie noch keinem anderen Forscher.

Die Berechnung erfolgte nach der Formel:

$$F = \frac{M}{G \cdot H},$$

wobei H nach der Formel 1) auf Seite 13 ermittelt ist.

10. Massenaufnahme-Ergebnisse.

Während bei der ersten Aufnahme jeder Fläche in der Regel die Masse auf Grund der Probestamm-Aufnahmen berechnet wurde und nach Verlauf eines längeren (meist 10 jährigen) Zeitraumes abermals Massenermittlungen erfolgten, beschränkten sich die übrigen Aufnahmen meistens auf eine Kluppierung des bleibenden Bestandes sowie auf die Ermittlung des Nebenbestandes nach den weiter unten angegebenen Grundsätzen. Es geschah dies einerseits, weil schließlich das Auffinden geeigneter Probestämme in unmittelbarer Umgebung der Fläche auf Schwierigkeiten stieß, anderseits aber auch, weil man erkannte, daß eine Massenaufnahme nur in längeren Zeiträumen erforderlich sei. Wie später dargelegt werden wird, ist eine öftere Massenermittlung, zumal bei der von mir angewandten Methode der Verarbeitung, völlig entbehrlich.

Die Zahl der Massenaufnahmen für die einzelnen Flächen ist aus der Seite 32ff. mitgeteilten Übersicht zu ersehen.

Zu bemerken ist hier noch, daß bei einer Reihe von Flächen die erste Aufnahme sich nur auf die Kluppierung des Hauptbestandes sowie auf die Beseitigung des Nebenbestandes erstreckt hat, eine Massenermittlung aber erst bei der zweiten Aufnahme vorgenommen ist. Bei der Häufung der Arbeiten während der ersten Jahre wurde nämlich seitens der Versuchsanstalt Wert darauf gelegt, sich durch solche Maßnahmen eine größere Anzahl normal bestockter Flächen für spätere Untersuchungen sofort zu sichern; man beschränkte sich deshalb bei der Festlegung der Flächen auf diese vorläufigen, wenig zeitraubenden Ermittlungen. Diese ersten Aufnahmen liefern immerhin einen durchaus erwünschten Beitrag für die Verfolgung des Grundflächenzuwachses.

Die Übersicht der bei den Massen- und Grundflächen-Aufnahmen erlangten allgemeinen Ergebnisse findet sich auf den Seiten 32 bis 69.

In dieser Übersicht sind die Flächen nach den Standortsklassen und innerhalb dieser nach dem Alter, das die Bestände bei der ersten Aufnahme hatten, geordnet. Die Flächen sind unter fortlaufenden Nummern aufgeführt, daneben aber sind auch diejenigen Nummern vermerkt, unter denen die Flächen in den Lagerbüchern der Versuchsanstalt bisher verzeichnet sind.

Den Bestandsaufnahme-Ergebnissen ist eine kurze Standortsbeschreibung beigefügt.

11. Durchforstungen und deren Ergebnisse.

Die zur Ausforstung bestimmten Stämme wurden stehend in Brusthöhe und zwar ebenso wie die Stämme des bleibenden Bestandes übers Kreuz kluppiert; nach erfolgter Fällung wurden sodann an einer größeren Anzahl von Stämmen die Höhen auf Zehntelmeter genau ermittelt und aus den Ergebnissen, wie bereits erwähnt, die arithmetisch-mittlere Höhe des ausscheidenden Bestandes berechnet. Die Darstellung des Holzes erfolgte streng nach den für unsere Verwaltung gültigen bezüglichen Vorschriften durch die Herzoglichen Forstämter und die diesen überwiesenen Hülfsbeamten. Obwohl hierbei, wie dankend anerkannt wird, durchweg mit großer Sorgfalt verfahren wurde, genügten doch die auf Grund der Aufarbeitungsergebnisse berechneten Massenzahlen für die vorliegenden Zwecke nicht, was darin seinen Grund haben dürfte, daß die amtlichen Festgehaltszahlen der Raummaße, trotzdem sie auf umfangreichen Untersuchungen beruhen, doch für den einzelnen Fall nicht immer genau zutreffen. Man sah sich deshalb genötigt, nachträglich die sämtlichen Vorertragsmassen aus Grundflächen, Höhen und Formzahlen — welche letzteren aus Horn-Grundner, Formzahlen und Massentafeln für die Buche, entnommen wurden — neu zu berechnen. Daß bei diesem Verfahren hinreichend genaue Ergebnisse erzielt sind, kann keinem Zweifel unterliegen.

Übersicht der Massen- und

1. Die Angaben in betreff der Stammzahlen, Massen und Grundflächen sowie
2. Als Aufnahmejahr ist dasjenige bezeichnet, nach dessen Vegetations-Frühjahr 1882 aufgenommen ist, so ist die Aufnahme als im Jahre 1881
3. Neben der laufenden Nummer der Fläche ist als Nummer der Versuchsfläche anstalt, in den Aufnahmebüchern und in dem die Hauptergebnisse nach-Akten befindet, verzeichnet steht.

Laufende Nr.	Nr. der Versuchsfläche. Forstamts-Bezirk, Forstort und Abteilung. Beschreibung der Versuchsfläche.	Aufnahmejahr	Bleibender				
			Alter	Ober- höhe m	Mittl. Massen- höhe m	Stammzahl	Querfläche qm
	I. Standortsklasse.						
1	7 b. **Gandersheim,** Sebexerhalbe 8, Gandersheimer Hügelland, 310 m. Fast ebene Lage, Muschelkalk, flachgr. sand. Lehm, gut geschl. schlanker Bestd. mäßig durchf. 0,04 ha.	1886	26	10,2	9,7	8125	19,64
		1894	34	—	—	4325	22,46
		1900	40	—	—	2375	23,44
2	7 c. **Gandersheim,** Sebexerhalbe 8, Gandersheimer Hügelland, 310 m. Fast ebene Lage, Muschelkalk, flachgr. sand. Lehm, gut geschl. schlanker Bestd. stark durchf. 0,08 ha.	1886	28	10,4	9,8	4512	15,13
		1894	36	—	—	2800	20,81
		1900	42	—	—	1988	23,83
3	**85. Seesen II,** Fahrenberg 55, Vorberge des Westharzes, 360 m. Mäß. steile N. lage, Buntsandstein, tiefgr. Lehm, gut geschl. gutwüchs. Bestd. 0,20 ha.	1883	32	12,9	12,3	3220	23,10
		1888	37	—	—	2485	25,12
		1895	44	18,0	17,3	1555	26,14
		1900	49	—	—	1330	26,48
4	**42. Schöningen,** Brandholz 58, Elm, 210 m. Sanft gen. S. lage, Muschelkalk, Lehm, geschl. wüchs. Bestd. 0,10 ha.	1877	36	—	—	4190	23,60
		1879	38	—	—	—	—
		1880	39	—	—	2290	20,53
		1885	44	—	—	1720	23,55
		1893	52	18,8	19,1	1270	27,18
		1898	57	—	—	790	23,84
5	6 III. **Lutter a. Bbge.,** Osterholz 35, Vorberge des Westharzes, 255 m. Sanft gen. N. lage, Muschelkalk, mitteltiefgr. Lehm, gut geschl. s. gutwüchs. Bestd. stark durchf. 0,25 ha.	1879	38	16,0	15,4	1372	18,58
		1884	43	—	—	1156	22,17
		1889	48	—	—	800	20,86
		1894	53	—	—	720	23,73
		1900	59	—	—	636	25,81
6	6 II. **Lutter a. Bbge.,** Osterholz 35, Vorberge des Westharzes, 255 m. Sanft gen. N. lage. Muschelkalk, mitteltiefgr. Lehm, gut geschl. s. gutwüchs. Bestd. mäßig durchf. 0,25 ha.	1879	38	15,9	14,5	2020	22,70
		1884	43	—	—	1708	25,92
		1889	48	—	—	1288	26,01
		1894	53	—	—	1144	28,86
		1900	59	—	—	828	27,91

Grundflächen-Ermittlungen.

des Zuwachses beziehen sich auf ein Hektar.
abschlusse die Aufnahme erfolgt ist; wenn beispielsweise ein Bestand im
geschehen angegeben.
diejenige Zahl angegeben, mit der die Fläche im Lagerbuche der Versuchs-
weisenden Hefte, von dem eine Abschrift sich auch bei den forstamtlichen

Bestand					Ausscheidender Bestand					Laufender Gesamtflächenzuwachs			
Mittl. Durchm.	Masse in fm		Bestands-Formzahl		Stammzahl	Querfläche	Mittl. Durchm.	Masse in fm		für das Alter von bis	für ? Jahre	im ganzen	jährlich
	Derbholz	Baumholz	Derb-holz-	Baum-				Derbholz	Baumholz				
cm						qm	cm					qm	qm
5,5	—	105,3	—	0,553	—	—	—	—	30				
8,1	—	—	—	—	3800	4,80	4,0	—	28,8	26 bis 40	14	14,46	1,03
11,2	—	—	—	—	1950	5,86	6,2	4,2	38,5				
6,5	31,7	89,5	0,214	0,604	—	—	—	—	46,8				
9,7	—	—	—	—	1712	3,65	5,2	2,7	24,1	28 bis 42	14	16,04	1,15
12,4	—	—	—	—	812	3,69	7,6	10,7	26,9				
9,6	102,4	168,1	0,360	0,592	185	0,39	5,2	0,3	2,6				
11,3	—	—	—	—	735	2,47	6,6	2,1	17,8	32 bis 49	17	13,82	0,81
14,6	213,5	272,0	0,472	0,604	930	5,63	8,8	19,6	45,1				
15,9	—	—	—	—	225	2,34	11,5	15,7	20,8				
8,6	—	—	—	—	—	—	—	—	—				
—	—	—	—	—	1570	4,44	6,0	3,2	28,2				
10,7	—	—	—	—	330	1,30	7,1	3,4	8,7				
13,2	—	—	—	—	570	3,14	8,4	9,6	23,4	36 bis 57	21	19,22	0,92
16,5	224,5	282,5	0,432	0,544	450	3,19	9,5	18,8	27,5				
19,6	—	—	—	—	480	6,91	13,5	51,8	65,7				
13,2	125,4	165,2	0,438	0,577	1792	8,20	7,6	23,7	58,5				
15,6	—	—	—	—	216	1,92	10,6	12,2	17,3	38 bis 48	10	9,47	0,95
18,2	—	—	—	—	356	5,27	13,7	43,6	53,7				
20,5	233,1	281,3	—	—	80	1,91	17,5	14,9	18,7	48 bis 59	11	9,48	0,86
22,7	—	—	—	—	84	2,62	19,9	28,3	33,3				
12,0	144,2	191,9	0,438	0,583	880	3,17	6,8	8,6	21,5				
13,9	—	—	—	—	312	1,98	9,0	9,2	16,1	38 bis 48	10	8,82	0,88
16,0	—	—	—	—	420	3,53	10,4	20,2	29,9				
17,9	280,0	333,1	—	—	144	1,47	11,4	10,6	13,4	48 bis 59	11	8,30	0,75
20,7	—	—	—	—	316	4,93	14,1	45,0	54,2				

Laufende Nr.	Nr. der Versuchsfläche. Forstamts-Bezirk, Forstort und Abteilung. Beschreibung der Versuchsfläche.	Aufnahmejahr	Bleibender: Alter	Ober- höhe m	Mittl. Massen- höhe m	Stammzahl	Querfläche qm
7	**25. Lutter a. Bbge.**, Osterholz 35, Vorberge des Westharzes, 270 m. Sanft gen. N.lage, Muschelkalk, tiefgr. bis s. tiefgr. Lehm, geschl. gutwüchs. Bestd. 0,20 ha.	1883	51	22,7	21,6	1425	33,06
		1889	57	23,3	23,3	1065	32,51
		1894	62	—	—	935	34,31
		1900	68	—	—	750	33,74
8	**3. Seesen II**, Kleiner Schmalenberg 42, Vorberge des Westharzes, 270 m. Mäß. steile O.lage, Muschelkalk, tiefgr. Lehm, gut geschl. wüchs. Bestd. 0,25 ha.	1877	52	21,0	20,6	1212	23,80
		1883	58	—	—	1100	28,31
		1888	63	24,7	24,1	896	28,50
		1895	70	26,2	26,3	712	29,93
		1900	75	—	—	600	28,90
9	**74. Wolfenbüttel**, Langeholz 14, Braunschweiger Flachland, 95 m. Ebene Lage, Lößlehm, tiefgr. sand. Lehm, geschl. wüchs. mäß. schlank. Bestd. 0,25 ha.	1880	53	23,4	21,6	1152	29,60
		1884	57	—	—	916	33,52
		1885	58	—	—	852	33,08
		1891	64	28,0	26,0	668	33,29
		1898	71	—	—	516	32,48
10	**66. Lichtenberg**, Kruxberg 22, Braunschweiger Hügelland, 170 m. Fast ebene S.S.W.lage, Muschelkalk, tiefgr. ton. Lehm, geschl. wüchs. Bestd. 0,25 ha.	1880	56	23,3	22,6	1004	32,18
		1883	59	—	—	880	32,35
		1885	61	—	—	792	31,93
		1891	67	28,0	26,4	716	33,82
		1898	74	—	—	548	33,54
11	**7. Seesen II**, Eselshai 58, Vorberge des Westharzes, 270 m. Sanft gen. S.W.lage, Muschelkalk, tiefgr. Lehm, gut geschl. gutwüchs. Bestd. 0,25 ha.	1877	56	23,4	22,5	1208	28,20
		1883	62	—	—	1076	30,56
		1888	67	25,1	24,8	928	31,90
		1895	74	29,0	27,8	692	31,93
		1900	79	—	—	596	31,22
12	**28. Lutter a. Bbge.**, Langenberg 41, Vorberge des Westharzes, 300 m. Sanft gen. N.W.lage, Buntsandstein, tiefgr. sand. Lehm, geschl. gutwüchs. Bestd. 0,25 ha.	1877	60	—	—	696	29,91
		1883	66	27,9	26,9	676	35,12
		1889	72	26,7	27,1	564	35,42
		1894	77	27,5	28,7	496	35,24
		1900	83	—	—	380	33,76
13	**27. Lutter a. Bbge.**, Langenberg 40, Vorberge des Westharzes, 305 m. Sanft gen. N.O.lage, Buntsandstein, s. tiefgr. Lehm, geschl. gutwüchs. Bestd. 0,50 ha.	1877	66	—	—	504	29,64
		1883	72	28,7	27,5	472	32,88
		1889	78	29,3	29,0	420	34,52
		1894	83	30,5	30,5	398	34,96
		1900	89	—	—	318	33,08
14	**4. Seesen II**, Kl. Schmalenberg 43, Vorberge des Westharzes, 310 m. Mäß. steile N.W.lage, Muschelkalk, tiefgr. Lehm, geschl. gutwüchs. Bestd. mit vielen Zwieseln. 0,50 ha.	1877	68	29,0	26,8	560	33,56
		1883	74	—	—	518	35,16
		1888	79	30,5	29,7	482	36,21
		1895	86	31,1	30,7	412	36,70
		1900	91	—	—	348	34,25

Bestand					Ausscheidender Bestand					Laufender Gesamtflächenzuwachs			
Mittl. Durchm.	Masse in fm		Bestands-		Stammzahl	Querfläche	Mittl. Durchm.	Masse in fm		für das Alter von bis	für ? Jahre	im ganzen	jährlich
	Derbholz	Baumholz	Derbholz-	Baum-				Derbholz	Baumholz				
cm			Formzahl			qm	cm					qm	qm
17,2	335,9	388,9	0,470	0,545	—	—	—	—	—				
19,7	349,8	415,4	0,462	0,548	360	5,16	13,5	44,8	53,8	51 bis 68	17	13,19	0,78
21,6	—	—	—	—	130	2,34	15,1	22,3	25,5				
23,9	—	—	—	—	185	5,01	18,5	55,9	64,6				
15,8	232,6	280,5	0,474	0,572	—	—	—	—	—				
18,1	—	—	—	—	112	1,23	11,8	9,9	12,6	52 bis 63	11	9,13	0,83
20,1	334,2	391,8	0,487	0,570	204	3,20	14,1	28,7	34,3				
23,1	388,8	448,6	0,494	0,570	184	3,70	16,0	37,5	43,8	63 bis 75	12	7,61	0,63
24,8	—	—	—	—	112	3,51	20,0	44,6	50,7				
—	285,5	347,0	0,447	0,543	—	—	—	—	—				
21,6	—	—	—	—	236	3,14	13,0	25,9	32,4				
22,2	—	—	—	—	64	1,24	15,7	10,8	13,0	53 bis 71	18	16,38	0,91
25,4	394,4	465,3	0,456	0,538	184	3,89	16,4	40,4	46,9				
28,3	—	—	—	—	152	5,23	20,9	59,2	68,9				
20,2	319,5	381,4	0,439	0,524	—	—	—	—	—				
21,6	—	—	—	—	124	1,82	13,7	13,1	16,7				
22,7	—	—	—	—	88	2,14	17,6	18,5	22,9	56 bis 74	18,5	12,21	0,66
24,5	420,8	475,6	0,471	0,533	76	1,50	15,8	19,6	22,1				
27,9	—	—	—	—	168	5,39	20,2	60,1	69,2				
17,2	310,7	360,4	0,490	0,568	364	3,33	10,8	24,2	33,4				
19,0	—	—	—	—	132	1,76	13,0	15,3	18,3	56 bis 67	11	7,87	0,72
20,9	382,6	448,8	0,484	0,567	148	2,41	14,4	23,4	27,4				
24,2	453,6	506,4	0,511	0,570	236	4,80	16,1	52,2	59,9	67 bis 79	12	7,29	0,61
25,8	—	—	—	—	96	3,17	20,5	41,8	47,3				
23,4	—	—	—	—	108	1,66	14,0	15,9	18,7				
25,7	439,1	504,0	0,465	0,533	20	0,37	15,3	3,9	4,5	60 bis 72	12	8,89	0,74
28,3	459,0	533,7	0,478	0,556	112	3,01	18,5	32,0	37,2				
30,1	503,8	586,8	0,498	0,580	68	2,08	19,7	23,8	27,1	72 bis 83	11	5,79	0,53
33,6	—	—	—	—	116	5,37	24,3	67,9	78,4				
27,4	—	—	—	—	—	—	—	—	—				
29,8	442,3	522,7	0,489	0,578	32	0,91	19,0	9,8	11,3	66 bis 78	12	7,52	0,63
32,4	491,5	577,7	0,491	0,577	52	1,73	20,6	19,2	22,5				
33,4	519,0	591,1	0,487	0,554	22	0,95	23,4	11,8	13,4	78 bis 89	11	4,72	0,43
36,4	—	—	—	—	80	5,21	29,4	74,4	85,7				
27,6	408,7	474,4	0,454	0,527	—	—	—	—	—				
29,4	—	—	—	—	42	1,07	18,0	10,6	12,5	68 bis 79	11	4,86	0,44
30,2	510,5	576,0	0,475	0,536	36	1,14	20,1	11,6	13,8				
33,7	535,1	606,0	0,475	0,538	70	2,86	22,8	35,8	40,3	79 bis 91	12	5,17	0,43
35,4	—	—	—	—	64	4,27	29,1	61,2	70,7				

Laufende Nr.	Nr. der Versuchsfläche. Forstamts-Bezirk, Forstort und Abteilung. Beschreibung der Versuchsfläche.	Aufnahmejahr	Bleibender				
			Alter	Ober- höhe m	Mittl. Massen- höhe m	Stammzahl	Querfläche qm
15	**67. Lichtenberg,** Hagenholz 10, Braunschweiger Hügelland, 165 m. Fast ebene O. lage, Muschelkalk, s. tiefgr. Lehm, geschl. wüchs. Bestd. 0,25 ha.	1880	71	30,2	28,1	492	30,75
		1885	76	—	—	492	33,40
		1891	82	29,9	29,5	448	33,81
		1898	89	—	—	424	35,80
16	**104. Grünenplan,** Deiberg 63, Hils, 280 m. Mäß. steile N.N.O. lage, Flammenmergel, s. tiefgr. mergel. Lehm, geschl. wüchs. Bestd. 0,50 ha.	1883	71	29,5	28,0	656	33,49
		1888	76	30,4	28,9	632	36,39
		1893	81	—	—	566	36,48
		1898	86	31,0	29,8	478	35,09
17	**29. Seesen I,** Sprengelsberg 6, Westharz, 400 m. Lehne N. lage, Kulm-Grauwacke, s. tiefgr. Lehm, geschl. wüchs. Bestd. 0,25 ha.	1877	78	—	—	780	31,00
		1883	84	30,0	28,6	684	32,93
		1889	90	31,5	29,5	568	32,61
		1895	96	—	—	516	34,38
		1900	101	—	—	428	30,78
18	**88. Vorwohle,** Sandweg 39, Hils, 250 m. Sanft gen. bis fast ebene W.N.W. lage, Jura-Ton, tiefgr. ton. Lehm, gutgeschl. gutwüchs. Bestd. 0,50 ha.	1883	79	28,8	27,6	772	39,42
		1888	84	26,8	27,2	772	42,68
		1893	89	—	—	666	40,66
		1898	94	30,1	29,6	524	38,83
19	**24. Lutter a. Bbge.,** Osterköpfe 33, Vorberge des Westharzes, 300 m. Fast ebene bis sanft gen. N.O. lage, Muschelkalk, s. tiefgr. lehm. Ton, geschl. s. gutwüchs. Bestd. 0,50 ha.	1879	83	30,6	29,7	490	37,62
		1884	88	—	—	490	40,29
		1889	93	30,5	31,5	452	40,44
		1894	98	33,2	33,0	452	43,37
20	**64. Lichtenberg,** Kruxgrund 24, Braunschweiger Hügelland, 200 m. Sanft gen. NW. lage, Muschelkalk, tiefgr. Lehm, locker geschl. wüchs. Bestd. 0,25 ha.	1879	85	29,8	28,5	344	25,59
		1885	91	—	—	336	28,47
		1891	97	31,1	30,5	292	28,42
		1898	104	—	—	284	31,42
21	**35. Gandersheim,** Äbtissinnenberg 1, Gandersheimer Hügelland, 230 m. Zieml. steile N. lage, Muschelkalk, s. tiefgr. Lehm, gut geschl. Bestd. 0,25 ha.	1877	95	—	—	380	32,93
		1883	101	36,1	34,4	380	35,60
		1888	106	—	—	380	39,22
		1894	112	34,4	34,0	356	39,44
		1900	118	—	—	268	35,52
22	**2. Seesen II,** Grefenberg 45, Vorberge des Westharzes, 300 m. Sanft gen. W. lage, Muschelkalk, tiefgr. Lehm, teilw. weitständ. Bestd. 1,00 ha.	1877	100	32,3	31,5	274	29,80
		1883	106	—	—	272	33,63
		1888	111	34,3	33,5	272	35,43
		1895	118	33,3	33,2	263	37,39
		1900	123	—	—	263	38,92

Bestand					Ausscheidender Bestand					Laufender Gesamtflächenzuwachs			
Mittl. Durchm.	Masse in fm		Bestands- Formzahl		Stammzahl	Querfläche	Mittl. Durchm.	Masse in fm		für das Alter von bis	für ? Jahre	im ganzen	jährlich
	Derbholz	Baumholz	Derbholz	Baumholz				Derbholz	Baumholz				
cm						qm	cm					qm	qm
28,2	401,5	452,7	0,465	0,524	104	3,10	19,5	34,6	39,8				
29,6	—	—	—	—	—	—	—	—	—	71 bis 89	18,5	8,31	0,45
31,1	455,9	525,0	0,457	0,526	44	1,68	22,1	20,4	23,5				
32,8	—	—	—	—	24	1,58	29,0	20,2	23,2				
25,5	437,4	510,4	0,466	0,544	—	—	—	—	—				
27,1	529,2	601,2	0,503	0,572	24	0,59	17,7	6,1	7,2	71 bis 86	15	8,31	0,55
28,6	—	—	—	—	66	1,84	18,8	22,3	25,5				
30,6	518,9	598,5	0,496	0,572	88	4,28	24,9	51,6	59,4				
22,5	—	—	—	—	—	—	—	—	—				
24,7	417,4	468,2	0,443	0,497	96	1,69	15,0	18,7	21,5	78 bis 90	12	6,02	0,50
27,0	452,7	523,3	0,471	0,544	116	2,72	17,3	31,6	36,1				
29,1	—	—	—	—	52	1,60	19,8	19,8	22,4	90 bis 101	11	3,61	0,33
30,3	—	—	—	—	88	3,84	23,6	47,3	53,2				
25,5	517,7	595,4	0,476	0,547	82	1,82	16,8	17,4	20,6				
26,5	533,1	611,8	0,459	0,527	—	—	—	—	—	79 bis 94	15	7,62	0,51
27,9	—	—	—	—	106	2,90	18,6	32,4	39,5				
30,7	525,2	597,2	0,457	0,520	142	5,31	21,8	63,1	72,3				
31,1	517,2	569,3	0,463	0,510	—	—	—	—	—				
32,4	—	—	—	—	—	—	—	—	—	83 bis 98	15	7,33	0,49
33,8	624,2	694,9	0,490	0,546	38	1,58	23,0	20,3	22,9				
35,0	705,4	784,4	0,493	0,548	—	—	—	—	—				
30,8	347,3	395,3	0,476	0,542	100	3,23	20,3	36,7	41,7				
32,9	—	—	—	—	8	0,28	21,1	3,3	3,7	85 bis 104	18,5	8,57	0,46
35,2	426,2	485,0	0,492	0,560	44	1,99	24,0	28,6	32,3				
37,5	—	—	—	—	8	0,47	27,3	6,2	7,1				
33,2	—	—	—	—	—	—	—	—	—				
34,5	610,7	687,7	0,499	0,562	—	—	—	—	—	95 bis 106	11	6,29	0,57
36,3	—	—	—	—	—	—	—	—	—				
37,6	708,6	803,2	0,528	0,599	24	1,16	24,8	16,3	18,1	106 bis 118	12	5,04	0,42
41,1	—	—	—	—	88	7,58	33,1	128,6	141,2				
37,3	470,1	526,7	0,501	0,561	—	—	—	—	—				
39,7	—	—	—	—	2	0,33	45,6	4,6	5,2	100 bis 111	11	5,96	0,54
40,7	627,2	697,7	0,528	0,588	—	—	—	—	—				
42,5	650,4	717,4	0,524	0,578	9	0,60	29,1	8,3	9,4	111 bis 123	12	4,09	0,34
43,4	—	—	—	—	—	—	—	—	—				

Laufende Nr.	Nr. der Versuchsfläche. Forstamts-Bezirk, Forstort und Abteilung. Beschreibung der Versuchsfläche.	Aufnahmejahr	Bleibender				
			Alter	Ober- höhe m	Mittl. Massen- höhe m	Stammzahl	Querfläche qm
23	**1. Seesen II,** Grefenberg 46, Vorberge des Westharzes, 320 m. Lehne O.lage, Muschelkalk, s. tiefgr. ton. Lehm, locker geschl. s. gutwüchs. Bestd. 1,00 ha.	1877	105	—	—	253	30,63
		1883	111	37,9	36,5	253	33,95
		1888	116	—	—	252	35,23
		1895	123	36,9	36,3	250	37,31
		1900	128	—	—	249	38,80
24	**33. Gandersheim,** Äbtissinnenberg 2, Gandersheimer Hügelland, 215 m. Sanft gen. N.O.lage, Muschelkalk, s. tiefgr. Lehm, gutgeschl. gutwüchs. Bestd. 0,25 ha.	1883	111	—	—	268	30,30
		1886	114	32,0	33,4	268	31,96
		1894	122	—	—	268	34,18
		1900	128	—	—	216	31,02
	II. Standortsklasse.						
25	**11a. Königslutter,** Bornumer Gemeindeholz Spitze b, Elm, 300 m. Ebene Lage, Muschelkalk, tiefgr. sand. Lehm mit starker Steinbeim., gut geschl. gutwüchs. Bestd. mäßig durchf. 0,20 ha.	1887	25	8,3	7,5	9030	17,78
		1893	31	—	—	6185	20,91
		1898	36	—	—	3085	20,08
26	**7a. Gandersheim,** Sebexerhalbe 8, Gandersheimer Hügelland 310 m. Fast ebene N.W.lage, Muschelkalk, flachgr. sand. Lehm, gut geschl. schlanker Bestd. schwach durchf. 0,04 ha.	1886	28	10,3	9,6	10450	22,05
		1894	36	—	—	5025	21,50
		1900	42	—	—	3200	24,28
27	**8a. Scharfoldendorf,** Twierland. Weserbergland, 300 m. Sanft gen. S.W.lage, Jurakalk, tiefgr. Lehm, gutwüchs. geschl. Bestd. mit unregelm. Stammverteil. mäßig durchf. 0,125 ha.	1886	29	9,4	9,2	9472	18,40
		1893	36	—	—	—	—
		1894	37	—	—	3432	18,78
		1900	43	—	—	2600	21,14
28	**10b. Vorwohle,** Kaas 62, Hils, 360 m. Sanft gen. N.O.lage, Buntsandstein, sehr tiefgr. ton. rotbraun. Sand, gut geschl., gutwüchs. Best. mit eingebauten Lä. u. Fi. mäßig durchf. 0,20 ha.	1887	31	11,5	10,5	—	—
		1894	38	—	—	2445	20,63
		1900	44	—	—	1950	23,95
29	**15. Seesen II,** Vord. Brakelsberg 21, Westharz, 320 m. Mäß. steile S.W.lage, Zechstein, tiefgr. Lehm, geschl. gutwüchs. Bestd. 0,10 ha.	1879	34	10,1	10,1	4980	19,28
		1884	39	—	—	3600	21,27
		1889	44	—	—	2610	23,07
		1895	50	18,6	16,9	1800	24,54
		1900	55	—	—	1630	26,50
30	**86. Seesen I,** Bakenberg 9, Westharz, 260 m. Lehne N.N.W.lage, Kulm-Grauwacke, s. tiefgr. sand. Lehm, dichtgeschl., gutwüchs. Bestd. 0,25 ha.	1883	34	12,1	11,4	4236	22,18
		1889	40	—	—	2588	21,91
		1895	46	—	—	1884	24,59
		1900	51	—	—	1496	24,96

Bestand					Ausscheidender Bestand					Laufender Gesamtflächenzuwachs			
Mittl. Durchm.	Masse in fm		Bestands-Formzahl		Stammzahl	Querfläche	Mittl. Durchm.	Masse in fm		für das Alter von bis	für ? Jahre	im ganzen	jährlich
cm	Derbholz	Baumholz	Derbholz-	Baumholz-		qm	cm	Derbholz	Baumholz			qm	qm
39,3	—	—	—	—	—	—	—	—	—	105 bis 116	11	4,72	0,43
41,2	650,9	733,0	0,525	0,592	—	—	—	—	—				
42,2	—	—	—	—	1	0,12	38,5	2,0	2,2	116 bis 128	12	3,91	0,33
43,7	753,7	848,3	0,557	0,626	2	0,15	30,5	2,3	2,6				
44,5	—	—	—	—	1	0,07	30,5	1,5	1,6				
38,0	—	—	—	—	—	—	—	—	—	111 bis 128	17	7,30	0,43
39,0	482,7	552,2	0,452	0,517	—	—	—	—	—				
40,3	—	—	—	—	—	—	—	—	—				
42,7	—	—	—	—	52	6,58	40,4	110,7	123,6				
5,0	10,6	97,0	0,079	0,727	13900	—	—	—	26,5	25 bis 36	14	11,48	0,82
6,5	—	—	—	—	2845	2,86	3,6	—	10,7				
9,1	—	—	—	—	3100	6,32	5,1	2,1	36,6				
5,2	14,9	112,5	0,070	0,531	—	—	—	—	16,3	28 bis 42	14	11,67	0,83
7,4	—	—	—	—	5425	5,42	3,6	—	30,6				
9,8	—	—	—	—	1825	4,02	5,3	—	25,3				
5,0	25,0	115,1	0,148	0,680	15648	5,13	2,0	—	12,0	29 bis 43	14	12,33	0,88
—	—	—	—	—	4720	4,50	3,5	—	14,6				
8,3	—	—	—	—	1320	2,76	5,2	—	12,0				
10,2	—	—	—	—	832	2,33	6,0	1,5	15,0				
—	—	—	—	—	—	—	—	—	—	38 bis 44	6	5,49	0,91
10,4	—	—	—	—	1113	2,36	5,2	—	18,0				
12,5	—	—	—	—	495	2,17	7,5	—	—				
7,0	39,5	123,3	0,203	0,633	15290	8,23	2,6	4,8	38,3	34 bis 44	10	10,20	1,02
8 7	—	—	—	—	1380	3,09	5,3	2,2	19,9				
10,6	—	—	—	—	990	3,32	6,5	2,7	24,7				
13,2	181,5	225,5	0,438	0,544	810	5,15	9,0	17,5	40,0	44 bis 55	11	10,49	0,95
14,4	—	—	—	—	170	1,91	12,0	13,5	17,6				
8,2	78,1	156,1	0,309	0,617	1232	1,80	4,3	1,2	9,8	34 bis 51	17	14,22	0,84
10,4	—	—	—	—	1648	4,48	5,9	3,2	29,1				
12,9	—	—	—	—	704	3,91	8,4	11,9	28,8				
14,6	—	—	—	—	388	3,05	10,0	16,4	24,6				

Laufende Nr.	Nr. der Versuchsfläche. Forstamts-Bezirk, Forstort und Abteilung. Beschreibung der Versuchsfläche.	Aufnahmejahr	Bleibender				
			Alter	Ober- höhe m	Mittl. Massen- höhe m	Stammzahl	Querfläche qm
31	**43. Schöningen,** Brandholz 57, Elm, 232 m. Sanfte N.W. lage, tiefgr. Diluviallehm über Muschelkalk, zieml. geschl. wüchs. Bestand. 0,25 ha.	1880	39	13,8	12,9	2412	20,75
		1885	44	—	—	1772	21,85
		1893	52	18,3	17,1	1404	26,17
		1897	56	—	—	—	—
		1898	57	—	—	900	22,53
32	**18. Seesen I,** Steinbühl 60, Westharz, 310 m. Lehne W. lage, Zechsteinkalk, tiefgr. ton. Lehm, gut geschl. gutwüchs. Bestand. 0,25 ha.	1879	39	13,0	12,6	2612	22,31
		1884	44	—	—	2036	24,38
		1889	49	16,6	16,2	1596	25,63
		1895	55	—	—	1240	27,81
		1900	60	—	—	1048	27,78
33	**154. Harzburg I,** Sandweg 57, Westharz, 520 m. Fast ebene bis sanft gen. N.W. lage, Granit u. Gabbro, tiefgr., lehm. Sand, geschl. zieml. gutwüchs. geradschaft. Bestand. 0,25 ha.	1890	43	15,3	13,9	2344	21,05
		1898	51	—	—	1880	26,60
34	**99. Scharfoldendorf,** Vord. Ith, Weserbergland, 260 m. Sanft gen. S.W. lage, Jura-Dolomit, tiefgr. Lehm, gut geschl. wüchs. Bestand. 0,25 ha.	1883	43	—	—	2244	21,15
		1888	48	17,1	16,1	1780	24,36
		1893	53	—	—	—	—
		1898	58	21,0	19,7	1084	26,31
35	**97. Scharfoldendorf,** Rotestein, Weserbergland, 260 m. Sanft gen. S.W. lage, Jura-Dolomit, tiefgr. Lehm, gut geschl. gutwüchs. Bestand. 0,25 ha.	1883	46	16,7	15,5	2320	24,87
		1888	51	17,1	16,1	1748	26,33
		1893	56	—	—	1416	25,46
		1898	61	20,5	19,7	932	24,75
36	**9. Seesen II,** Eselshai 59, Vorberge des Westharzes, 335 m. Lehne S.O. lage, Buntsandstein, tiefgr. Lehm, locker geschl. wüchs. Bestand. 0,25 ha.	1877	47	14,0	14,4	1868	20,85
		1883	53	18,9	17,2	1620	23,68
		1888	58	—	—	1376	24,26
		1895	65	21,7	20,5	1040	24,14
		1900	70	—	—	960	24,37
37	**36. Gr. Rohde,** Altes Gehege 34, Elm, 205 m. Ebene Lage, sehr tiefgr. Blocklehm über Muschelkalk, geschl. zieml. wüchs. Bestand. 0,25 ha.	1880	52	—	—	1364	25,38
		1885	57	—	—	1148	27,80
		1893	65	20,4	20,6	872	29,70
		1898	70	—	—	628	27,11
38	**21. Seesen I,** Taternberg 52, Westharz, 310 m. Lehne N.W. lage, Kulm-Grauwacke, mitteltiefgr. Lehm, gut geschl. gutwüchs. Bestand. 0,25 ha.	1879	57	20,4	19,5	1232	25,78
		1884	62	—	—	1232	29,17
		1889	67	23,4	22,6	1088	29,80
		1895	73	—	—	824	29,39
		1900	78	—	—	824	31,20

Bestand: Mittl. Durchm. cm	Bestand: Masse in fm: Derbholz	Bestand: Masse in fm: Baumholz	Bestands-Formzahl: Derbholz-	Bestands-Formzahl: Baum-	Ausscheidender Bestand: Stammzahl	Ausscheidender Bestand: Querfläche qm	Ausscheidender Bestand: Mittl. Durchm. cm	Ausscheidender Bestand: Masse in fm: Derbholz	Ausscheidender Bestand: Masse in fm: Baumholz	Laufender Gesamtflächenzuwachs: für das Alter von bis	Laufender Gesamtflächenzuwachs: für ? Jahre	Laufender Gesamtflächenzuwachs: im ganzen qm	Laufender Gesamtflächenzuwachs: jährlich qm
10,5	119,0	175,8	0,445	0,657	996	nicht kluppiert		—	—	39 bis 57	18	13,36	0,74
12,5	—	—	—	—	640	2,89	7,6	7,9	19,9				
15,4	206,2	252,4	0,461	0,564	368	2,06	8,4	7,1	16,3				
—	—	—	—	—	224	4,08	15,2	31,0	39,1				
17,8	—	—	—	—	280	2,55	10,8	15,6	22,0				
10,4	102,2	151,2	0,364	0,538	2000	5,21	5,8	3,5	31,1	39 bis 49	10	8,81	0,88
12,4	—	—	—	—	576	2,51	7,3	8,2	18,2				
14,3	188,3	233,3	0,454	0,562	440	2,98	9,3	14,3	22,6				
16,9	—	—	—	—	356	3,46	11,1	19,2	29,0	49 bis 60	11	7,91	0,72
18,1	—	—	—	—	156	2,30	13,7	18,0	22,6				
10,7	110,9	165,0	0,430	0,600	56	0,18	6,3	0,1	1,2	43 bis 51	8	8,13	1,02
13,4	—	—	—	—	464	2,58	8,4	8,8	20,2				
11,0	—	—	—	—	620	1,74	6,0	1,2	10,7	43 bis 58	15	12,96	0,86
13,2	182,0	236,0	0,464	0,602	464	2,37	8,1	7,5	17,0				
—	—	—	—	—	368	2,16	8,7	9,1	16,5				
17,6	240,6	290,8	0,464	0,561	328	3,27	11,1	22,4	29,4				
11,7	170,0	237,2	0,441	0,615	752	2,06	5,9	1,5	13,5	46 bis 61	15	10,68	0,71
13,8	201,5	269,2	0,475	0,635	572	2,94	8,1	9,1	20,8				
15,1	—	—	—	—	332	2,22	9,2	10,1	17,8				
18,4	229,4	282,6	0,470	0,580	484	5,64	12,2	38,7	50,0				
11,9	124,1	171,7	0,425	0,588	—	—	—	—	—	47 bis 58	11	6,75	0,61
13,6	175,3	229,3	0,430	0,563	248	1,38	8,5	4,7	10,6				
15,0	—	—	—	—	244	1,96	10,1	10,0	15,3	58 bis 70	12	4,93	0,41
17,2	227,2	273,6	0,459	0,553	336	3,63	11,7	26,3	33,5				
18,0	—	—	—	—	80	1,19	13,7	9,7	12,0				
15,4	—	—	—	—	308	—	—	—	—	52 bis 70	18	12,57	0,70
17,6	—	—	—	—	216	2,00	10,8	10,8	16,1				
20,8	284,6	348,0	0,465	0,569	276	3,39	12,5	24,5	31,7				
23,5	—	—	—	—	244	5,45	16,9	43,4	53,9				
16,3	226,0	264,8	0,450	0,526	206	1,89	10,7	12,4	17,0	57 bis 67	10	5,75	0,58
17,3	—	—	—	—	—	—	—	—	—				
18,7	312,8	372,0	0,464	0,552	144	1,73	12,4	11,8	15,3	67 bis 78	11	5,64	0,51
21,3	—	—	—	—	264	4,24	14,3	38,2	45,9				
22,0	—	—	—	—	—	—	—	—	—				

Laufende Nr.	Nr. der Versuchsfläche. Forstamts-Bezirk, Forstort und Abteilung. Beschreibung der Versuchsfläche.	Aufnahmejahr	Bleibender				
			Alter	Ober- höhe m	Mittl. Massen- höhe m	Stammzahl	Querfläche qm
39	12. **Seesen II**, Vord. Braakelsberg 22, Westharz, 380 m. Fast ebene bis sanft gen. N. lage, Kulm-Grauwacke, s. tiefgr. Lehm, geschl. wüchs. Bestand. 0,25 ha.	1879	58	19,2	18,3	1424	31,24
		1884	63	—	—	1424	34,24
		1889	68	20,4	20,3	1112	34,26
		1895	74	24,5	23,2	940	35,68
		1900	79	—	—	844	35,13
40	30. **Seesen I**, Krautliet 25, Westharz, 280 m. Sanft gen. N. lage, Kulm-Grauwacke, s. tiefgr. sand. Lehm, wüchs. Bestand mit unregelm. Stammverteilg. 0,25 ha.	1877	59	—	—	1052	29,32
		1883	65	23,9	22,6	844	31,04
		1889	71	25,7	24,5	736	32,74
		1895	77	—	—	608	33,37
		1900	82	—	—	464	29,05
41	59. **Königslutter**, Altfeld 33, Elm, 290 m. Ebene Lage, Muschelkalk, mitteltiefgr. ton. Lehm, geschl. wüchs. Bestd. 0,25 ha.	1879	60	19,1	18,6	1428	34,38
		1884	65	—	—	1428	37,37
		1889	70	—	—	1356	39,85
		1893	74	22,5	22,1	1168	39,75
		1894	75	—	—	—	—
		1898	79	—	—	828	32,28
42	143. **Wolfenbüttel**, Windfallhai 4, Braunschweiger Flachland, 97 m. Fast ebene N. lage, Kreidekalk, tiefgr. lehm. Sand, gut geschl. gutwüchs. Bestand. 0,25 ha.	1889	60	20,7	19,5	1164	26,12
		1894	65	—	—	864	25,28
43	105. **Grünenplan**, Dornbach 61, Hils, 300 m. Sanft gen. S.S.W. lage, Flammenmergel, s. tiefgr. mergel. Lehm, gut geschl. gutwüchs. Bestand. 0,30 ha.	1883	63	21,5	20,3	1247	29,21
		1888	68	22,3	21,9	1130	32,63
		1893	73	—	—	960	32,32
44	119. **Hohegeiß**, Lampertsberg 13, Westharz, 546 m. Steile O.S.O. lage, Elbinger. Grauwacke, tiefgr. Lehm, gut geschl. gutwüchs. Bestand. 0,20 ha.	1891	69	22,7	22,2	920	35,53
		1898	76	—	—	865	37,52
45	37. **Gr. Rohde**, Altes Gehege 33, Elm, 185 m. Ebene Lage, sehr tiefgr. Blocklehm über Muschelkalk, zieml. geschl. wüchs. Bestand. 0,25 ha.	1877	70	—	—	764	35,02
		1880	73	—	—	672	33,58
		1885	78	—	—	612	35,40
		1893	86	27,3	26,6	520	36,45
		1898	91	—	—	400	34,21
46	96. **Scharfoldendorf**, Hint. Stollen, Hils, 330 m. Lehne N.O. lage, Jurakalk, tiefgr. lehm. Ton, geschl. wüchs. Bestd. 0,25 ha.	1883	71	24,9	24,3	1120	35,95
		1888	76	27,2	24,8	1012	38,28
		1893	81	—	—	—	—
		1898	86	27,5	27,5	672	35,92

Bestand: Mittl. Durchm. cm	Bestand: Masse in fm, Derbholz	Bestand: Masse in fm, Baumholz	Bestand: Bestands-Formzahl, Derb-holz-	Bestand: Bestands-Formzahl, Baum-	Ausscheidender Bestand: Stammzahl	Ausscheidender Bestand: Querfläche qm	Ausscheidender Bestand: Mittl. Durchm. cm	Ausscheidender Bestand: Masse in fm, Derbholz	Ausscheidender Bestand: Masse in fm, Baumholz	Laufender Gesamtflächenzuwachs: für das Alter von bis	Laufender Gesamtflächenzuwachs: für ? Jahre	Laufender Gesamtflächenzuwachs: im ganzen qm	Laufender Gesamtflächenzuwachs: jährlich qm
16,7	269,8	316,8	0,472	0,554	156	1,44	10,9	8,1	11,8	58 bis 68	10	6,95	0,70
17,5	—	—	—	—	—	—	—	—	—				
19,8	336,1	397,0	0,483	0,571	312	3,93	12,7	34,4	41,5				
22,0	389,8	451,0	0,471	0,545	172	3,23	15,5	28,2	33,8	68 bis 79	11	6,67	0,61
23,0	—	—	—	—	96	2,57	18,4	26,6	31,0				
18,8	—	—	—	—	—	—	—	—	—	59 bis 71	12	7,84	0,65
21,7	302,2	357,1	0,431	0,509	208	2,53	12,4	20,5	25,4				
23,8	362,5	442,6	0,452	0,552	108	1,89	14,9	17,4	20,8				
26,4	—	—	—	—	128	2,97	17,2	29,7	35,1	71 bis 82	11	5,17	0,47
28,2	—	—	—	—	144	5,89	22,8	72,7	83,7				
17,5	281,5	334,8	0,440	0,524	504	5,16	11,4	35,1	47,7	60 bis 79	19	9,58	0,50
18,3	—	—	—	—	—	—	—	—	—				
19,4	—	—	—	—	72	0,86	12,3	6,4	8,1				
20,8	414,8	472,2	0,472	0,538	188	2,96	14,1	24,1	29,3				
—	—	—	—	—	88	1,67	15,5	16,2	19,0				
22,3	—	—	—	—	252	6,19	17,7	55,1	66,1				
16,9	228,6	283,5	0,449	0,557	248	1,99	10,1	10,5	15,7	60 bis 65	5	2,68	0,54
19,3	—	—	—	—	300	3,52	12,2	26,0	32,8				
17,3	270,1	327,6	0,456	0,552	73	0,62	10,4	4,0	5,7	63 bis 73	10	6,91	0,69
19,2	356,1	412,6	0,498	0,577	117	1,47	12,7	10,6	13,4				
20,7	—	—	—	—	170	2,33	13,2	19,3	24,1				
22,2	391,8	453,6	0,497	0,575	95	1,84	15,7	17,2	20,3	69 bis 76	7	4,84	0,69
23,5	—	—	—	—	55	1,01	15,3	9,0	10,8				
24,2	—	—	—	—	—	—	—	—	—	70 bis 91	21	9,22	0,44
25,2	—	—	—	—	92	1,85	16,0	16,4	19,7				
27,1	—	—	—	—	60	1,32	16,7	12,5	14,7				
29,9	463,8	535,2	0,478	0,552	92	2,39	18,2	24,8	28,7				
33,0	—	—	—	—	120	4,47	21,8	48,7	56,8				
20,2	414,8	472,0	0,475	0,540	32	0,46	13,5	4,1	4,9	71 bis 86	15	10,13	0,68
21,9	463,8	538,3	0,489	0,567	108	2,08	15,6	20,0	23,6				
—	—	—	—	—	136	2,46	15,2	24,7	28,9				
26,1	477,8	532,6	0,492	0,549	204	5,62	18,7	60,8	69,9				

Laufende Nr.	Nr. der Versuchsfläche. Forstamts-Bezirk, Forstort und Abteilung. Beschreibung der Versuchsfläche.	Aufnahmejahr	Bleibender				
			Alter	Ober- höhe m	Mittl. Massen- höhe m	Stammzahl	Querfläche qm
		1879	72	24,0	23,2	560	28,41
47	**20. Seesen I,** Steinbühl 55, Westharz, 355 m. Lehne N.N.W.lage, Kulm-Grauwacke, tiefgr. Lehm, geschl. gutwüchs. Bestd. 0,25 ha.	1884	77	—	—	556	30,61
		1889	82	26,6	26,3	540	32,71
		1895	88	—	—	508	35,15
		1900	93	—	—	444	33,79
48	**91. Scharfoldendorf,** Buchenbrink, Hils, 320 m. Sanft gen. S.S.O.lage, Jura-Dolomit u. Asphalt, tiefgr. lehm. Ton, geschl. wüchs. Bestd. 0,20 ha.	1883	74	—	—	1065	36,43
		1888	79	23,5	23,1	1065	40,41
		1893	84	—	—	900	38,15
		1898	89	26,9	25,9	710	36,82
49	**11. Seesen II,** Hint. Brakelsberg 19, Westharz, 375 m. Lehne W.lage, Kulm-Grauwacke, tief- bis s. tiefgr. Lehm, geschl. wüchs. Bestand. 0,25 ha.	1879	75	23,5	22,8	680	34,04
		1884	80	—	—	680	35,89
		1889	85	25,4	24,7	636	36,50
		1895	91	—	—	568	37,15
		1900	96	—	—	464	32,31
50	**5. Seesen II,** Gr. Schmalenberg 47, Vorberge des Westharzes, 325 m. Fast ebene N.O.lage, Muschelkalk, tiefgr. Lehm, geschl. gutwüchs. Bestand. 0,25 ha.	1877	76	24,1	24,6	572	29,31
		1883	82	—	—	572	33,40
		1888	87	27,5	27,9	552	35,90
		1895	94	30,2	29,4	480	36,19
		1900	99	—	—	428	35,55
51	**127. Gandersheim,** Sebexerhalbe 9, Gandersheimer Hügelland, 300 m. Sanft gen. S.lage, Muschelkalk, tiefgr. Lehm, gut geschl. gutwüchs. Bestand. 0,25 ha.	1886	76	24,9	24,9	604	32,34
		1894	84	26,2	26,6	576	35,89
		1900	90	—	—	496	35,53
52	**6. Seesen II,** Gr. Schmalenberg 47, Vorberge des Westharzes, 340 m. Mäß. steile S.W.lage, Muschelkalk, mäß. tiefgr. Lehm, geschl. wüchs. Bestand. 0,25 ha.	1877	77	26,4	24,5	952	36,40
		1883	83	—	—	952	40,92
		1888	88	27,0	25,5	896	40,66
		1895	95	29,6	27,4	616	36,93
		1900	100	—	—	524	35,23
53	**114. Wieda,** Wildenberg 56, Westharz, 527 m. Fast ebene S.lage, Elbinger. Grauw., tiefgr. Lehm, locker geschl., zieml. glattschäft. Bestand. 0,25 ha.	1884	77	24,9	23,8	852	36,78
		1891	84	25,1	24,1	796	39,18
		1898	91	—	—	696	38,73
54	**8. Seesen II,** Fahrenberg 54, Vorberge des Westharzes, 345 m. Lehne O.lage, Buntsandstein, tiefgr. Lehm, geschl. gutwüchs. Bestand. 0,50 ha.	1877	78	26,9	25,1	750	30,42
		1883	84	—	—	750	35,50
		1888	89	29,4	28,8	686	35,79
		1895	96	29,3	28,6	530	34,04
		1900	101	—	—	452	31,68

Bestand: Mittl. Durchm. cm	Bestand: Masse in fm, Derbholz	Bestand: Masse in fm, Baumholz	Bestands-Formzahl: Derbholz	Bestands-Formzahl: Baumholz	Ausscheidender Bestand: Stammzahl	Ausscheidender Bestand: Querfläche qm	Ausscheidender Bestand: Mittl. Durchm. cm	Ausscheidender Bestand: Masse in fm, Derbholz	Ausscheidender Bestand: Masse in fm, Baumholz	Laufender Gesamtflächenzuwachs: für das Alter von bis	für ? Jahre	im ganzen qm	jährlich qm
25,4	309,0	371,0	0,469	0,563	—	—	—	—	—	72 bis 82	10	4,71	0,47
26,5	—	—	—	—	—	—	—	—	—				
27,8	405,3	477,3	0,471	0,555	16	0,41	18,1	4,2	4,9	82 bis 93	11	5,14	0,47
29,7	—	—	—	—	32	1,01	20,0	11,0	12,7				
31,1	—	—	—	—	64	3,05	24,6	37,9	43,8				
20,9	—	—	—	—	—	—	—	—	—	74 bis 89	15	8,71	0,58
22,0	451,3	518,0	0,483	0,555	—	—	—	—	—				
23,2	—	—	—	—	165	3,09	15,4	28,5	34,0				
25,7	452,8	507,8	0,475	0,532	190	5,23	18,7	52,9	61,9				
25,2	376,3	436,6	0,485	0,563	—	—	—	—	—	75 bis 85	10	3,77	0,38
25,9	—	—	—	—	—	—	—	—	—				
27,0	436,1	515,5	0,484	0,572	44	1,31	19,4	12,3	14,3	85 bis 96	11	4,39	0,40
28,9	—	—	—	—	68	2,34	20,9	23,9	28,0				
29,8	—	—	—	—	104	6,24	27,6	76,7	90,7				
25,5	335,3	377,3	0,465	0,523	100	2,30	17,1	23,1	27,1	76 bis 87	11	7,29	0,66
27,2	—	—	—	—	—	—	—	—	—				
28,8	480,2	549,4	0,479	0,549	20	0,70	21,1	6,1	8,4	87 bis 99	12	4,91	0,41
31,0	556,6	621,4	0,523	0,584	72	2,74	22,0	32,4	37,0				
32,5	—	—	—	—	52	2,52	24,8	35,3	40,1				
26,1	373,9	449,6	0,464	0,558	4	0,09	16,9	0,9	1,0	76 bis 90	14	8,25	0,59
28,2	457,4	530,8	0,479	0,556	28	0,89	20,1	9,3	10,9				
30,2	—	—	—	—	80	4,17	25,8	49,3	58,3				
22,1	430,5	519,6	0,483	0,583	208	3,50	14,6	30,3	36,5	77 bis 88	11	5,55	0,50
23,4	—	—	—	—	—	—	—	—	—				
24,1	501,7	585,8	0,484	0,565	56	1,29	17,1	11,9	14,2	88 bis 100	12	7,47	0,62
27,6	499,0	566,0	0,493	0,559	280	8,61	19,8	93,4	107,7				
29,3	—	—	—	—	92	4,29	24,4	56,4	64,7				
23,4	411,6	472,2	0,470	0,539	8	—	—	—	—	77 bis 91	14	6,23	0,45
25,0	453,4	530,4	0,480	0,562	56	1,34	17,4	12,5	14,9				
26,6	—	—	—	—	100	2,94	19,7	29,6	34,9				
22,7	375,4	436,7	0,492	0,572	196	3,36	14,8	33,4	39,1	78 bis 89	11	6,96	0,63
24,6	—	—	—	—	—	—	—	—	—				
25,8	521,0	589,2	0,505	0,572	64	1,59	17,8	15,5	18,3	89 bis 101	12	5,09	0,42
28,6	515,5	597,1	0,530	0,613	156	5,04	20,3	57,3	65,4				
29,9	—	—	—	—	80	4,16	25,7	56,6	62,8				

Laufende Nr.	Nr. der Versuchsfläche. Forstamts-Bezirk, Forstort und Abteilung. Beschreibung der Versuchsfläche.	Aufnahmejahr	Bleibender Alter	Oberhöhe m	Mittl. Massenhöhe m	Stammzahl	Querfläche qm
55	23. **Lutter a. Bbg.**, Osterköpfe 37, Vorberge des Westharzes, 235 m. Sanft gen. S.lage, Muschelkalk, s. tiefgr. ton. Lehm, etwas gelockert. Bestd. 0,50 ha.	1879 1884 1889 1894 1900	78 83 88 93 99	26,7 — 30,6 — —	25,6 — 29,7 — —	550 550 476 462 360	32,29 35,17 35,09 35,84 33,37
56	111. **Marienthal**, Dammröderhorst 33, Braunschweiger Hügelland, 150 m. Ebene Lage, unt. Jura, tiefgr. lehm. Sand, zieml. geschl. wüchs. Bestd. 0,50 ha.	1882 1886 1893 1898	79 83 90 95	27,1 — 27,7 —	26,1 — 27,6 —	468 456 422 306	32,80 35,40 36,15 33,23
57	140. **Blankenburg**, Schöth 47, Ostharz, 400 m. Lehne N.lage, Schalstein, mitteltiefgr. Lehm, geschl. gutwüchs. Bestd. 0,25 ha.	1894 1900	80 86	23,9 —	24,1 —	788 656	36,41 35,89
58	50. **Gr. Rohde**, Sundern 42, Elm, 204 m. Ebene Lage, sehr tiefgr. Blocklehm über Muschelkalk, geschl. gutwüchs. Bestd. 0,50 ha.	1877 1880 1885 1893 1898	83 86 91 99 104	— — — 31,0 —	— — — 29,3 —	544 506 444 400 320	42,14 41,14 40,86 42,58 38,87
59	107. **Grünenplan**, Hoheheimberg 59, Hils, 310 m. Lehne N.lage, Plänerkalk, tiefgr. Mergel, gut geschl. gutwüchs. Bestd. 0,30 ha.	1883 1888 1893 1898	84 89 94 99	— 31,8 — 30,2	— 28,7 — 29,6	673 653 556 493	35,66 39,03 37,50 37,69
60	38. **Gr. Rohde**, Brunsleberhagen 41, Elm, 221 m. Fast ebene N.lage, sehr tiefgr. Blocklehm über Muschelkalk, geschl. zieml. wüchs. Bestd. 0,25 ha.	1877 1880 1885 1893 1898	85 88 93 101 106	— — — 27,5 —	— — — 27,8 —	528 492 456 436 328	34,15 35,35 36,69 39,50 35,58
61	32. **Gandersheim**, Vorholz 4, Gandersheimer Hügelland, 235 m. Fast ebene N.lage, Muschelkalk, s. tiefgr. Lehm, gut geschl. gutwüchs. Bestd. 0,50 ha.	1877 1883 1888 1894 1900	85 91 96 102 108	— — 29,5 30,8 —	— — 29,5 29,8 —	486 486 486 448 370	31,44 36,42 38,93 39,71 38,43
62	94. **Scharfoldendorf**, Buchenbrink, Hils, 320 m. Mäß. steile N.O.lage, Jura-Dolomit, tiefgr. Lehm, geschl. wüchs. Bestd. 0,33 ha.	1883 1888 1893 1898 1900	91 96 101 106 108	29,9 30,0 — 30,5 —	28,5 28,0 — 30,1 —	643 643 — 491 491	35,26 38,55 — 35,98 37,65

Bestand					Ausscheidender Bestand					Laufender Gesamtflächenzuwachs			
Mittl. Durchm.	Masse in fm		Bestands-Formzahl		Stammzahl	Querfläche	Mittl. Durchm.	Masse in fm		für das Alter von bis	für ? Jahre	im ganzen	jährlich
	Derbholz	Baumholz	Derbholz	Baumholz				Derbholz	Baumholz				
cm						qm	cm					qm	qm
27,3	383,8	437,0	0,464	0,529	—	—	—	—	—	78 bis 88	10	5,39	0,54
28,7	—	—	—	—	—	—	—	—	—				
30,6	509,5	575,1	0,489	0,552	74	2,59	21,1	30,8	35,0				
31,4	—	—	—	—	14	0,58	23,0	7,2	8,1	88 bis 99	11	4,51	0,41
34,3	—	—	—	—	98	5,65	27,1	78,3	90,1				
29,9	417,6	492,1	0,488	0,575	12	0,40	20,6	4,1	4,8				
31,4	—	—	—	—	12	0,45	21,9	4,7	5,5	79 bis 95	16	9,26	0,58
33,0	515,7	608,4	0,517	0,610	34	1,39	22,8	15,7	18,4				
37,2	—	—	—	—	116	6,99	27,7	97,3	112,3				
24,3	439,4	514,6	0,501	0,586	—	—	—	—	—	80 bis 86	6	3,55	0,59
26,4	—	—	—	—	132	4,07	19,8	40,4	47,6				
31,4	—	—	—	—	—	—	—	—	—				
32,2	—	—	—	—	38	1,23	20,3	12,9	15,0				
34,2	—	—	—	—	62	2,51	22,7	27,7	32,0	83 bis 104	21	8,92	0,42
36,8	623,0	708,2	0,499	0,568	44	1,92	23,5	22,7	26,3				
39,3	—	—	—	—	80	5,53	29,7	68,6	79,8				
26,0	—	—	—	—	—	—	—	—	—				
27,6	556,3	629,0	0,497	0,562	20	0,52	18,3	5,3	6,2	84 bis 99	15	8,33	0,56
29,3	—	—	—	—	97	3,33	20,9	38,7	44,1				
31,2	567,3	648,6	0,509	0,581	63	2,45	22,2	29,1	33,4				
28,7	—	—	—	—	—	—	—	—	—				
30,2	—	—	—	—	36	1,17	20,3	11,3	13,5				
32,0	—	—	—	—	36	1,41	22,3	14,7	17,2	85 bis 106	21	10,98	0,52
34,0	549,4	631,8	0,500	0,575	20	0,86	23,4	9,5	11,1				
37,2	—	—	—	—	108	6,11	26,9	70,7	82,3				
28,7	—	—	—	—	—	—	—	—	—	85 bis 96	11	7,49	0,68
30,9	—	—	—	—	—	—	—	—	—				
31,9	577,0	661,0	0,502	0,576	—	—	—	—	—				
33,6	582,1	683,4	0,492	0,578	38	1,32	21,0	15,8	17,9	96 bis 108	12	5,80	0,48
36,4	—	—	—	—	78	4,98	28,5	73,3	80,8				
26,4	475,5	545,5	0,473	0,543	58	1,47	18,0	14,8	17,4				
28,0	500,7	588,4	0,464	0,545	—	—	—	—	—				
—	—	—	—	—	66	1,90	19,1	20,3	23,7	91 bis 108	17	7,69	0,45
30,5	526,9	581,8	0,487	0,537	86	3,40	22,4	41,4	46,9				
31,2	—	—	—	—	—	—	—	—	—				

Laufende Nr.	Nr. der Versuchsfläche. Forstamts-Bezirk, Forstort und Abteilung. Beschreibung der Versuchsfläche.	Aufnahmejahr	Bleibender				
			Alter	Ober- höhe m	Mittl. Massen- höhe m	Stammzahl	Querfläche qm
63	**115. Wieda,** Stephansecke 64, Westharz, 518 m. Steile S.lage, Elbinger. Grauw., tiefgr. Lehm, mehr als normal geschl. Bestd. mit schwachen Kronen. 0,40 ha.	1884	91	27,5	25,7	1052	42,77
		1891	98	27,7	27,1	927	43,44
		1898	105	—	—	780	41,21
64	**142. Blankenburg,** Flefeldsberg 57, Ostharz, 390 m. Steile N.O.lage, unt. Wieder Tonschiefer, tiefgr. Lehm, geschl. gutwüchs. Bestd. 0,25 ha.	1888	92	27,0	26,0	672	32,96
		1894	98	27,1	26,8	668	35,79
		1900	104	—	—	500	31,83
65	**103. Grünenplan,** Strulle 70, Hils, 310 m. Sanft gen. N.O.lage, Flammenmergel, s. tiefgr. mergel. Lehm, geschl. wüchs. Bestd. 0,40 ha.	1883	93	29,0	27,6	630	33,06
		1888	98	29,9	29,4	630	36,11
		1893	103	—	—	578	35,39
		1898	108	28,4	27,6	470	33,81
66	**95. Scharfoldendorf,** Buchenbrink, Hils, 300 m. Sanft gen. N.O. lage, Jura-Dolomit, tiefgr. ton. Lehm, gutwüchs. gering gelichteter Bestd. 0,30 ha.	1883	96	30,8	28,9	670	39,79
		1888	101	29,9	28,3	670	42,97
		1893	106	—	—	—	—
		1898	111	33,4	32,7	457	37,01
		1900	113	—	—	457	38,81
67	**63. Lichtenberg,** Burgberg 20, Braunschweiger Hügelland, 220 m. Sanft gen. S.O. lage, Muschelkalk, tiefgr. ton. Lehm, geschl. zieml. wüchs. Bestd. 0,25 ha.	1879	98	27,8	27,7	424	37,95
		1885	104	—	—	384	38,10
		1891	110	29,0	28,1	328	36,15
		1898	117	—	—	328	39,19
68	**61. Lichtenberg,** Burgberg 7, Braunschweiger Hügelland, 200 m. Sanft gen. N.O. lage, Muschelkalk, tiefgr. Lehm, geschl. wüchs. Bestd. 0,25 ha.	1879	101	29,3	28,6	416	33,98
		1885	107	—	—	408	36,07
		1891	113	30,5	29,2	368	35,48
		1898	120	—	—	328	35,88
69	**106. Grünenplan,** Talsköpfe 50, Hils, 280 m. Mäß. steile bis lehne N.W.lage, Plänerkalk, tiefgr. mergel. Lehm mit mäß. Kalksteinbeim., geschl. wüchs. Bestd. 0,50 ha.	1883	103	32,4	31,0	506	39,56
		1888	108	30,4	31,9	476	41,43
		1893	113	—	—	410	39,82
		1898	118	34,0	33,6	370	39,96
		1900	120	—	—	330	36,75
70	**75. Wolfenbüttel,** Beddingerschnede 13, Braunschweiger Flachland, 96 m. Ebene Lage, Lößlehm, s. tiefgr. sand. Lehm, geschl. Bestd., Wuchs durch Ansiedelung von Krähen beeinträchtigt. 0,25 ha.	1880	105	28,4	28,2	464	39,89
		1885	110	—	—	428	40,58
		1891	116	30,9	29,8	412	41,08
		1898	123	—	—	288	34,69

Bestand					Ausscheidender Bestand					Laufender Gesamtflächenzuwachs			
Mittl. Durchm.	Masse in fm		Bestands-		Stammzahl	Querfläche	Mittl. Durchm.	Masse in fm		für das Alter von bis	für ? Jahre	im ganzen	jährlich
	Derbholz	Baumholz	Derbholz-	Baum-				Derbholz	Baumholz				
cm			Formzahl			qm	cm					qm	qm
22,8	571,5	641,2	0,520	0,583	105	1,97	15,4	19,7	23,0				
24,4	546,9	613,6	0,465	0,521	125	2,98	17,4	33,0	38,2	91 bis 105	14	5,58	0,40
25,9	—	—	—	—	147	4,16	18,9	47,2	53,6				
25,0	425,4	507,0	0,496	0,592	—	—	—	—	—				
26,1	474,3	547,9	0,494	0,571	4	0,10	18,0	1,0	1,2	92 bis 104	12	6,00	0,50
28,5	—	—	—	—	168	7,03	23,1	77,9	91,2				
25,8	434,7	519,7	0,476	0,570	—	—	—	—	—				
27,0	524,2	609,7	0,494	0,574	—	—	—	—	—				
27,9	—	—	—	—	52	1,56	19,4	17,6	21,0	93 bis 108	15	6,25	0,42
30,3	442,9	497,9	0,475	0,534	108	3,94	21,6	43,3	50,0				
27,5	564,6	634,8	0,491	0,552	80	1,81	17,0	18,5	21,6				
28,6	587,4	660,5	0,483	0,543	—	—	—	—	—				
—	—	—	—	—	50	1,41	18,9	16,2	18,1	96 bis 113	17	8,43	0,50
32,1	607,5	672,2	0,502	0,555	163	8,00	25,0	107,9	121,4				
32,9	—	—	—	—	—	—	—	—	—				
33,8	460,3	519,9	0,438	0,495	—	—	—	—	—				
35,5	—	—	—	—	40	2,06	25,6	24,1	27,6	98 bis 117	18,5	6,49	0,35
38,7	489,0	557,8	0,481	0,549	56	3,19	26,9	36,1	42,5				
39,0	—	—	—	—	—	—	—	—	—				
32,3	477,8	534,2	0,492	0,550	—	—	—	—	—				
33,5	—	—	—	—	8	0,33	22,8	3,7	4,3	101 bis 120	19	7,22	0,38
35,0	512,7	574,4	0,495	0,554	40	2,45	27,9	32,7	36,9				
37,3	—	—	—	—	40	2,54	28,4	31,6	36,7				
31,6	590,7	667,3	0,482	0,544	16	0,58	21,5	7,3	8,2				
33,3	667,7	737,3	0,505	0,558	30	1,17	22,3	14,8	16,4				
35,2	—	—	—	—	66	3,24	25,0	44,2	48,3	103 bis 120	17	7,77	0,46
36,6	621,7	690,7	0,463	0,514	40	2,43	27,8	33,9	38,4				
37,7	—	—	—	—	40	3,74	34,5	62,2	68,7				
33,1	542,5	603,8	0,482	0,537	—	—	—	—	—				
34,7	—	—	—	—	36	2,08	27,2	24,8	29,1	105 bis 123	18	8,12	0,45
35,6	599,4	672,8	0,490	0,550	16	0,84	25,9	11,5	12,7				
39,2	—	—	—	—	124	10,40	31,7	133,6	154,0				

Laufende Nr.	Nr. der Versuchsfläche. Forstamts-Bezirk, Forstort und Abteilung. Beschreibung der Versuchsfläche.	Aufnahmejahr	Bleibender Alter	Ober- höhe m	Mittl. Massen- höhe m	Stammzahl	Querfläche qm
71	**34. Gandersheim**, Äbtissinnenberg 2, Gandersheimer Hügelland, 215 m. Lehne N.O.-lage, Muschelkalk, s. tiefgr. Lehm, gut geschl. gutwüchs. Bestd. 0,50 ha.	1883	107	-	—	338	29,16
		1888	112	33,1	31,5	338	31,50
		1894	118	—	—	332	32,15
72	**60. Lichtenberg**, Reiherhorst 5, Braunschweiger Hügelland, 200 m. Sanft gen. O.lage, Buntsandstein, tiefgr. Lehm, geschl. wüchs. Best. 1898 Vorbereitungsschlag. 0,50 ha.	1879	123	34,2	33,5	286	37,79
		1885	129	—	—	286	38,42
		1891	135	35,9	34,7	264	38,88
		1898	142	—	—	170	28,74
73	**108. Gr. Rohde**, Herzberg 9, Elm, 280 m. Sanft bis lehn gen. N. lage, s. tiefgr. Blocklehm über Muschelkalk, geschl. wüchs. Bestd. 0,82 ha.	1883	126	35,0	33,5	266	32,09
		1889	132	—	—	260	33,11
		1893	136	32,5	31,6	254	34,01
		1898	141	—	—	254	36,01
74	**62. Lichtenberg**, Kohli 14, Braunschweiger Hügelland, 230 m. Sanft gen. N.N.W. lage, Kreidekalk, tiefgr. Lehm, geschl. gutwüchs. Bestd. 0,50 ha.	1879	127	33,9	32,9	262	37,49
		1885	133	—	—	262	38,97
		1891	139	36,0	34,8	246	38,50
		1898	146	—	—	220	38,50
	III. Standortsklasse.						
75	**9a. Harzburg II**, Ettersberg 4, Westharz, 460 m. Mäßig steile W. lage, Gabbro, tiefgr. lehm. Sand mit ger. Steinbeim., gut geschl. gutwüchs. Bestd. mäßig durchf. 0,10 ha.	1888	30	7,9	7,5	8060	15,92
		1893	35	—	—	6000	19,51
		1898	40	—	—	2930	17,98
76	**98. Scharfoldendorf**, Lüerdissergehege, Weserbergland, 230 m. Sanft gen. S.W. lage, Jura-Dolomit, tiefgr. Lehm, geschl. wüchs. Bestd. 0,25 ha.	1883	40	13,6	12,5	3392	20,81
		1888	45	14,3	13,0	2512	24,38
		1893	50	—	—	1896	24,87
		1898	55	17,5	16,7	1176	24,22
77	**4 II. Holzminden I**, Kuhschlenke, Solling, 320 m. Ebene bis sanft gen. O. lage, Buntsandstein, tiefgr. sand. Ton, geschl. wüchs. Bestd. mäßig durchf. 0,25 ha.	1878	41	12,8	12,1	3060	23,47
		1883	46	—	—	2076	23,84
		1889	52	—	—	1516	24,15
		1894	57	18,7	17,4	1304	25,16
		1899	62	—	—	1060	26,29
78	**4 III. Holzminden I**, Kuhschlenke, Solling, 320 m. Ebene bis sanft gen. O. lage, Buntsandstein, tiefgr. sand. Ton, locker geschl. wüchs. Bestd. stark durchf. 0,25 ha.	1878	41	12,8	12,3	2124	19,91
		1883	46	—	—	1608	20,73
		1889	52	—	—	1236	21,98
		1894	57	19,3	17,7	975	21,89
		1899	62	—	—	852	23,30

Bestand					Ausscheidender Bestand					Laufender Gesamtflächenzuwachs			
Mittl. Durchm.	Masse in fm		Bestands- Formzahl		Stammzahl	Querfläche	Mittl. Durchm.	Masse in fm		für das Alter von bis	für ? Jahre	im ganzen	jährlich
	Derbholz	Baumholz	Derbholz-	Baum-				Derbholz	Baumholz				
cm						qm	cm					qm	qm
33,1	—	—	—	—	—	—	—	—	—				
34,5	511,0	579,0	0,515	0,584	—	—	—	—	—	107 bis 118	11	3,24	0,30
35,2	—	—	—	—	6	0,25	22,9	3,3	3,7				
41,0	666,1	732,1	0,526	0,578	—	—	—	—	—				
41,4	—	—	—	—	—	—	—	—	—	123 bis 142	19	5,32	0,28
43,3	694,9	760,7	0,515	0,564	22	1,99	33,9	30,6	34,0				
45,8	—	—	—	—	94	12,38	41,0	187,9	213,6				
39,2	554,6	613,5	0,516	0,571	55	5,77	36,5	81,3	109,7				
40,3	—	—	—	—	6	0,36	27,6	4,7	5,4	126 bis 141	15	4,68	0,31
41,3	566,8	640,8	0,527	0,596	6	0,40	29,0	5,2	6,0				
42,5	—	—	—	—	—	—	—	—	—				
42,7	635,1	696,1	0,515	0,564	28	2,71	35,1	37,6	42,9				
43,4	—	—	—	—	—	—	—	—	—	127 bis 146	18,5	5,93	0,32
44,9	677,8	744,0	0,506	0,555	16	2,31	42,9	34,5	39,6				
47,2	—	—	—	—	26	2,61	35,7	39,0	44,2				
5,0	—	77,6	—	0,650	—	—	—	—	29,0				
6,5	—	—	—	—	2060	2,87	4,2	—	11,7	30 bis 40	10	10,70	1,07
8,8	—	—	—	—	3070	5,77	4,9	1,8	27,2				
8,9	94,5	163,4	0,363	0,628	372	0,75	5,1	0,6	4,5				
11,1	142,9	207,5	0,451	0,654	880	2,82	6,4	2,1	18,5	40 bis 55	15	14,26	0,95
12,9	—	—	—	—	616	2,53	7,2	4,3	16,3				
16,2	191,0	248,8	0,472	0,615	720	5,50	9,9	27,4	42,0				
9,9	116,4	180,9	0,410	0,637	4216	5,81	4,2	4,3	34,5	41 bis 52	11	8,35	0,76
12,1	—	—	—	—	984	4,09	7,3	7,6	28,0				
14,2	—	—	—	—	560	3,58	9,0	15,8	28,2				
15,7	201,3	255,8	0,460	0,584	212	1,73	10,2	10,1	13,8	52 bis 62	10	6,65	0,67
17,8	—	—	—	—	244	2,78	12,0	19,4	24,9				
10,9	105,0	154,0	0,429	0,629	4756	9,01	4,9	6,8	53,0	41 bis 52	11	8,56	0,78
12,8	—	—	—	—	516	3,22	9,0	12,2	23,0				
15,0	—	—	—	—	372	3,27	10,6	15,0	25,1				
16,9	182,4	234,6	0,471	0,605	260	3,26	12,6	19,5	26,6	52 bis 62	10	6,75	0,68
18,6	—	—	—	—	124	2,17	15,0	16,9	21,0				

Laufende Nr.	Nr. der Versuchsfläche. Forstamts-Bezirk, Forstort und Abteilung. Beschreibung der Versuchsfläche.	Aufnahmejahr	Bleibender				
			Alter	Ober- Höhe m	Mittl. Massen- Höhe m	Stammzahl	Querfläche qm
79	**56. Königslutter,** Hainholz 14, Elm, 210 m. Fast eben bis sanft gen. N.N.W. lage, mitteltiefgr. Blocklehm über Muschelkalk, norm. geschl. gutwüchs. Bestd. 0,25 ha.	1879 1884 1889 1893 1898	42 47 52 56 61	13,5 — 15,2 17,3 —	12,7 — 14,8 16,4 —	2628 2288 2116 1708 1120	24,23 26,56 29,04 28,91 26,81
80	**57. Königslutter,** Bockshornberg 7, Elm, 215 m. Sanft gen. N.N.W. lage, Muschelkalk, tiefgr. lehm. Ton, geschl. wüchs. Bestd. 0,25 ha.	1879 1884 1889 1893 1898	42 47 52 56 61	13,7 — — 16,4 —	12,8 — — 15,7 —	3248 2592 2240 1832 1192	24,81 27,46 29,41 30,48 29,15
81	**46. Schöningen,** Beierstedterholz 54, Elm, 210 m. Fast ebene N. Lage, Muschelkalk mit Blocklehm schwach bedeckt, mitteltiefgr. Lehm und Ton., geschl. wüchs. Bestd. 0,10 ha.	1885 1893 1898	46 54 59	— 16,9 —	— 16,8 —	2230 1820 1250	25,24 30,12 27,05
82	**78. Hasselfelde II,** Leckenkopf 93, Ostharz, 527 m. Fast ebene N. lage, Elbingeröder Grauwacke, s. tiefgr. Lehm, zieml. gut geschl. gutwüchs. Best. 0,25.	1880 1885 1891 1898	47 52 58 65	14,0 — 17,6 —	13,3 — 16,5 —	2028 1768 1436 1088	26,41 29,97 31,51 31,35
83	**156. Stiege,** Kaufung 106, Ostharz, 545 m. Sanft gen. N. lage, Elbingeröder Grauwacke, tiefgr. Lehm, geschl. wüchs. Bestd. 0,10 ha.	1889 1895 1900	49 55 60	15,2 — —	14,0 — —	2920 2250 1610	24,10 28,66 25,68
84	**147. Stiege,** Bärköpfe 100, Ostharz, 518 m. Sanft gen. N.W. lage, Elbingeröder Grauwacke, mitteltiefgr. sand. Lehm, geschl. wüchs. Bestd. 0,25 ha.	1889 1895 1900	52 58 63	16,2 — —	15,4 — —	2160 1580 1328	30,14 30,99 30,35
85	**155. Harzburg I,** Hirschkopf 34, Westharz, 480 m. Lehne S.O. lage, Quarzit, mitteltief. bis flachgründ. lehm. Sand, geschl. Bestd. von mittelmäß. Wuchs. 0,25 ha.	1890 1898	53 61	15,1 —	13,8 —	2032 1552	23,24 26,98
86	**139. Blankenburg,** Lohdenblek 36, Ostharz, 460 m. Sanft gen. N. lage, Schalstein, tiefgr. Lehm, geschl. zieml. wüchs. Bestd. 0,25 ha.	1894 1900	54 60	15,9 —	15,7 —	1660 1400	27,92 30,58
87	**146. Stiege,** Schalliete 83, Ostharz, 546 m. Sanft gen. S.W. lage, Hauptkieselschiefer, mitteltiefgr. sand. Lehm, locker geschl. mäß. wüchs. Bestd. 0,105 ha.	1889 1895 1900	54 60 65	15,0 — —	14,2 — —	2571 1952 1705	28,67 29,25 28,63

Bestand: Mittl. Durchm. cm	Bestand: Masse in fm, Derbholz	Bestand: Masse in fm, Baumholz	Bestands-Formzahl: Derbholz-	Bestands-Formzahl: Baum-	Ausscheidender Bestand: Stammzahl	Ausscheidender Bestand: Querfläche qm	Ausscheidender Bestand: Mittl. Durchm. cm	Ausscheidender Bestand: Masse in fm, Derbholz	Ausscheidender Bestand: Masse in fm, Baumholz	Laufender Gesamtflächenzuwachs: für das Alter von bis	Laufender Gesamtflächenzuwachs: für ? Jahre	Laufender Gesamtflächenzuwachs: im ganzen qm	Laufender Gesamtflächenzuwachs: jährlich qm
10,8	124,2	188,2	0,404	0,612	1384	4,33	6,3	3,4	29,3	42 bis 61	19	14,69	0,77
12,2	—	—	—	—	340	1,85	8,3	6,1	13,6				
13,2	202,7	268,6	0,472	0,625	172	0,99	8,6	2,7	6,9				
14,7	221,8	280,0	0,468	0,591	408	2,74	9,2	8,7	21,1				
17,4	—	—	—	—	588	6,53	11,9	39,1	52,7				
9,7	120,9	186,6	0,381	0,588	1408	3,15	5,4	2,3	20,2	42 bis 61	19	17,87	0,94
11,6	—	—	—	—	656	2,48	6,9	1,8	15,6				
13,1	—	—	—	—	352	1,64	7,7	4,5	11,2				
14,5	210,0	267,4	0,439	0,559	408	2,45	8,7	7,3	17,8				
17,7	—	—	—	—	640	6,96	11,8	39,6	55,3				
12,0	—	—	—	—	140	0,99	9,5	4,1	6,8	46 bis 59	13	10,39	0,80
14,5	228,0	282,0	0,451	0,557	410	2,40	8,6	8,1	18,5				
16,0	—	—	—	—	570	6,18	11,7	38,3	52,5				
12,9	161,5	219,6	0,460	0,625	1536	5,37	6,7	8,7	32,7	47 bis 65	18	14,00	0,78
14,7	—	—	—	—	260	1,80	9,4	7,3	13,4				
17,0	247,8	302,9	0,477	0,583	332	3,04	10,8	16,7	24,3				
19,1	—	—	—	—	348	4,22	12,4	28,8	37,4				
10,2	145,0	211,0	0,430	0,625	1610	3,23	5,1	2,4	21,8	49 bis 60	11	9,07	0,82
12,7	—	—	—	—	670	2,94	7,5	8,9	—				
14,3	—	—	—	—	640	4,55	9,5	25,4	37,2				
13,4	223,1	279,3	0,481	0,602	144	0,72	7,9	2,1	5,1	52 bis 63	11	7,56	0,69
15,8	—	—	—	—	580	4,58	10,1	23,3	35,8				
17,1	—	—	—	—	252	2,77	11,8	18,3	23,7				
12,1	143,0	184,5	0,451	0,581	112	0,44	7,1	1,4	2,6	53 bis 61	8	7,30	0,91
14,9	—	—	—	—	480	3,56	9,7	16,0	25,5				
14,6	202,4	251,8	0,462	0,577	40	0,38	11,0	1,7	2,8	54 bis 60	6	5,27	0,88
16,7	—	—	—	—	260	2,61	11,3	15,2	21,2				
11,9	181,0	240,6	0,445	0,591	171	0,80	7,7	2,1	5,5	54 bis 65	11	5,67	0,52
13,8	—	—	—	—	619	3,63	8,6	10,8	26,1				
14,6	—	—	—	—	247	2,08	10,3	11,0	15,9				

Laufende Nr.	Nr. der Versuchsfläche. Forstamts-Bezirk, Forstort und Abteilung. Beschreibung der Versuchsfläche.	Aufnahmejahr	Bleibender				
			Alter	Ober- höhe m	Mittl. Massen- höhe m	Stammzahl	Querfläche qm
88	**151. Hasselfelde II,** Hirtekopf 100, Ostharz, 546 m. Lehne N.N.W.lage, Diabas, mitteltiefgr. sand. Lehm, geschl. mittelwüchs. Bestd. 0,25 ha.	1889	56	16,0	15,2	2056	35,98
		1898	65	18,3	17,4	1284	34,50
89	**5 I. Stadtoldendorf,** Holzberg 24, Weserbergland, 390 m. Sanft gen. S.lage, Muschelkalk, mitteltiefgr. ton. Lehm, geschl. mittelwüchs. Bestd. schwach durchf. 1,00 ha.	1883	58	17,3	16,2	2582	30,84
		1888	63	—	—	2570	34,71
		1894	69	19,3	17,9	1874	34,33
		1900	75	—	—	1594	35,43
90	**5 II. Stadtoldendorf,** Holzberg 24, Weserbergland, 390 m. Sanft gen. S.lage, Muschelkalk, mitteltiefgr. ton. Lehm, geschl. mittelwüchs. Bestd. mäßig durchf. 1,00 ha.	1883	58	17,3	16,2	2171	30,65
		1888	63	—	—	2171	34,34
		1894	69	20,7	19,3	1509	32,38
		1900	75	—	—	1306	33,85
91	**5 IIIa. Stadtoldendorf,** Holzberg 25, Weserbergland, 390 m. Sanft gen. S.lage, Muschelkalk, mitteltiefgr. ton. Lehm, locker geschl. mittelwüchs. Bestd. stark durchf. 1,00 ha.	1883	58	18,7	17,6	1764	28,53
		1888	63	—	—	1756	33,13
		1894	69	19,9	19,7	1228	30,06
		1900	75	—	—	1138	32,23
92	**5 IIIb. Stadtoldendorf,** Holzberg 25, Weserbergland, 390 m. Sanft gen. S.lage, Muschelkalk, mitteltiefgr. ton. Lehm, locker geschl. mittelwüchs. Bestd. sehr stark durchf. 1,00 ha.	1883	58	18,7	17,6	1584	28,89
		1888	63	—	—	1556	32,13
		1894	69	20,8	21,2	1082	28,94
		1900	75	—	—	1033	31,71
93	**22. Seesen I,** Sandberg 53, Westharz, 385 m. Sanft gen. N.lage, Kulm-Grauwacke, fast tiefgr. Lehm, unregelmäß. bestockter, zieml. geschl. Bestd. 0,25 ha.	1879	59	18,5	17,8	1240	25,80
		1884	64	—	—	1240	28,73
		1889	69	21,7	20,7	1040	28,39
		1895	75	—	—	884	29,01
		1900	80	—	—	776	28,13
94	**145. Stiege,** Schalliete 83, Ostharz, 538 m. Sanft gen. S.W.lage, Hauptkieselschiefer, mitteltiefgr. sand. Lehm, geschl. wüchs. Bestd. 0,25 ha.	1889	59	17,1	16,6	2368	32,45
		1895	65	18,9	18,6	1720	32,85
		1900	70	—	—	1476	32,26
95	**2 A. Gr. Rohde,** Mönchespring 8, Elm, 307 m. Ebene Lage, Muschelkalk, tiefgr. Lehm, geschl. gutwüchs. Bestd. mäßig durchf. 3,33 ha.	1856	60	—	16,4	1095	28,81
		1859	63	—	—	—	—
		1861	65	—	—	1028	29,60
		1864	68	—	—	—	—
		1866	70	—	18,5	874	33,30
		1871	75	—	—	—	—
		1871	75	—	21,9	778	34,51
		1876	80	—	—	778	35,93
		1880	84	—	—	—	—
		1883	87	—	23,6	700	37,70
		1887	91	—	—	609	36,05
		1893	97	26,2	25,7	583	37,73
		1899	103	—	—	495	38,00

Bestand: Mittl. Durchm. cm	Bestand: Masse in fm: Derbholz	Bestand: Masse in fm: Baumholz	Bestand: Bestands-Formzahl: Derbholz	Bestand: Bestands-Formzahl: Baumholz	Ausscheidender Bestand: Stammzahl	Ausscheidender Bestand: Querfläche qm	Ausscheidender Bestand: Mittl. Durchm. cm	Ausscheidender Bestand: Masse in fm: Derbholz	Ausscheidender Bestand: Masse in fm: Baumholz	Laufender Gesamtflächenzuwachs: für das Alter von bis	Laufender Gesamtflächenzuwachs: für ? Jahre	Laufender Gesamtflächenzuwachs: im ganzen qm	Laufender Gesamtflächenzuwachs: jährlich qm
14,9	261,5	322,4	0,478	0,590	616	2,70	7,5	7,7	19,4	56 bis 65	9	5,64	0,63
18,5	278,0	348,2	0,463	0,580	772	7,12	10,8	39,3	55,4				
12,3	220,5	275,4	0,441	0,551	1	0,01	8,0	0,03	0,1	58 bis 75	17	11,9	0,70
13,1	—	—	—	—	12	0,07	8,6	0,2	0,5				
15,3	275,6	340,9	0,448	0,555	696	4,55	9,1	16,5	37,2				
16,8	—	—	—	—	280	2,69	11,1	16,7	22,7				
13,4	228,0	285,0	0,459	0,574	235	1,35	8,6	4,5	10,0	58 bis 75	17	11,35	0,67
14,2	—	—	—	—	—	—	—	—	—				
16,5	288,2	335,1	0,461	0,536	662	5,63	10,4	33,6	49,2				
18,2	—	—	—	—	203	2,52	12,6	20,4	25,0				
14,3	237,8	288,9	0,474	0,575	297	2,16	9,6	11,6	17,4	58 bis 75	17	11,32	0,67
15,5	—	—	—	—	8	0,07	10,6	0,4	0,6				
17,7	274,3	316,4	0,463	0,534	528	5,95	12,0	40,8	53,4				
19,0	—	—	—	—	90	1,60	15,0	14,6	17,7				
15,2	237,3	288,4	0,467	0,567	282	2,30	10,3	12,4	18,5	58 bis 75	17	10,91	0,64
16,2	—	—	—	—	28	0,29	11,5	1,9	2,6				
18,5	269,9	314,5	0,440	0,513	474	6,73	12,9	50,8	64,2				
19,8	—	—	—	—	49	1,07	16,7	10,4	12,3				
15,6	190,5	231,6	0,415	0,504	332	2,61	10,0	11,6	18,7	59 bis 69	10	4,97	0,50
17,2	—	—	—	—	—	—	—	—	—				
18,6	279,4	343,4	0,475	0,584	200	2,38	12,3	16,0	20,8	69 bis 80	11	4,39	0,40
20,4	—	—	—	—	156	2,61	14,6	20,6	25,5				
21,5	—	—	—	—	108	2,04	15,5	17,6	21,3				
13,2	254,6	311,9	0,473	0,579	160	0,92	8,6	3,1	7,0	59 bis 70	11	7,45	0,68
15,6	300,8	360,8	0,492	0,590	648	5,07	10,0	29,0	43,3				
16,7	—	—	—	—	244	2,57	11,7	18,9	24,0				
18,3	—	287,3	—	—	—	—	—	—	—	60 bis 80	20	12,49	0,62
—	—	—	—	—	67	0,91	13,1	—	6,7				
19,2	—	—	—	—	—	—	—	—	—				
—	—	—	—	—	154	2,49	14,3	—	21,8				
22,0	—	—	—	—	—	—	—	—	—				
—	—	—	—	—	96	1,97	16,1	—	20,3				
23,9	—	428,9	—	—	—	—	—	—	—				
24,3	—	—	—	—	—	—	—	—	—				
—	—	—	—	—	3	0,16	26,0	—	2,2	80 bis 103	23	11,14	0,48
26,2	—	513,9	—	—	75	1,82	17,5	—	20,3				
27,4	—	—	—	—	91	2,95	20,0	—	35,4				
28,7	—	552,9	—	—	26	0,81	19,7	—	9,1				
31,3	—	—	—	—	88	3,33	21,9	—	46,5				

Laufende Nr.	Nr. der Versuchsfläche. Forstamts-Bezirk, Forstort und Abteilung. Beschreibung der Versuchsfläche.	Aufnahmejahr	Bleibender Alter	Oberhöhe m	Mittl. Massenhöhe m	Stammzahl	Querfläche qm
		1856	60	—	16,4	708	21,72
		1861	65	—	—	708	23,35
		1866	70	—	—	708	29,78
		1870	74	—	—	—	—
96	**2^{B}. Gr. Rohde,** Möncherspring 8, Elm, 307 m. Ebene Lage, Muschelkalk, tiefgr. Lehm, locker geschl. gutwüchs. Bestd. stark durchforstet. 3,33 ha.	1871	75	—	21,0	514	26,77
		1872	76	—	—	—	—
		1876	80	—	—	513	29,13
		1880	84	—	—	—	—
		1883	87	—	24,1	493	32,56
		1887	91	—	—	415	31,16
		1893	97	—	26,8	402	31,83
		1899	103	—	—	347	31,38
97	**14. Seesen II,** Vord. Nönneckenberg 12, Westharz, 465 m. Ebene und fast ebene W.lage, Kulm-Grauwacke, fast tiefgr. ton. Lehm, locker geschl. mäß. wüchs. Bestd. 0,25 ha.	1879	60	17,9	16,8	1684	35,46
		1884	65	—	—	1684	38,11
		1889	70	19,3	18,2	1352	37,76
		1895	76	—	—	1188	39,06
		1900	81	—	—	1080	38,06
98	**44. Schöningen,** Beierstedterholz 55, Elm, 222 m. Ebene Lage, Muschelkalk, tiefgr. Lehm, geschl. gutwüchs. Bestd. 0,25 ha.	1877	61	—	—	1228	29,17
		1880	64	—	—	1048	28,13
		1893	77	23,5	22,3	892	34,69
		1898	82	—	—	668	32,94
99	**148. Stiege,** Wildgarten 40, Ostharz, 508 m. Sanft gen. O.N.O.lage, unt. Wieder Tonschiefer, mitteltiefgr. sand. Lehm, geschl. wüchs. Bestd. 0,25 ha.	1889	62	17,7	17,1	1128	28,59
		1895	68	—	—	1008	31,25
		1900	73	—	—	868	30,60
100	**45. Gr. Rohde,** Sundern 42, Elm, 209 m. Fast ebene bis sanft gen. N.lage, sehr tiefgr. Diluviallehm über Muschelkalk, geschl. wüchs. Bestd. 0,25 ha.	1877	63	—	—	1004	27,26
		1880	66	—	—	912	27,46
		1885	71	—	—	812	29,30
		1893	79	24,1	22,9	712	31,16
		1898	84	—	—	548	29,53
101	**13. Seesen II,** Hint. Nönneckenberg 16, Westharz, 445 m. Sanft gen. bis lehne W.lage, Kulm-Grauwacke, tiefgr. ton. Lehm, geschl. wüchs. Bestd. 0,25 ha.	1879	67	18,7	18,6	1184	32,72
		1884	72	—	—	1184	35,35
		1889	77	20,7	20,5	1064	35,76
		1895	83	—	—	916	35,90
		1900	88	—	—	840	35,12
102	**157. Stiege,** Kaufung 106, Ostharz, 545 m. Sanft gen. N.O.lage, Elbingeröder Grauwacke, tiefgr. Lehm, geschl. wüchs. Bestd. 0,10 ha.	1889	67	18,7	17,7	1620	37,87
		1895	73	—	—	1300	39,04
		1900	78	—	—	1130	37,36

Bestand					Ausscheidender Bestand					Laufender Gesamtflächenzuwachs			
Mittl. Durchm.	Masse in fm		Bestands-Formzahl		Stammzahl	Querfläche	Mittl. Durchm.	Masse in fm		für das Alter von bis	für ? Jahre	im ganzen	jährlich
	Derbholz	Baumholz	Derbholz	Baumholz				Derbholz	Baumholz				
cm						qm	cm					qm	qm
19,9	—	223	—	—	419	7,47	15,1	—	62,1	60 bis 80	20	12,22	0,61
20,5	—	—	—	—	—	—	—	—	—				
23,1	—	—	—	—	—	—	—	—	—				
—	—	—	—	—	194	4,76	17,5	—	52,0				
25,8	—	319,8	—	-	—	—	—	—	—				
—	—	—	—	—	1	0,05	25,5	—	0,7				
26,9	—	—	—	—	—	—	—	—	—	80 bis 103	23	11,30	0,49
—	—	—	—	—	4	0,20	25,3	—	2,9				
29,0	—	475,4	—	—	16	0,56	21,8	—	6,6				
30,8	—	—	—	—	78	3,48	24,3	—	47,7				
31,8	—	497,4	—	—	13	0,60	23,2	—	8,8				
33,9	—	—	—	—	55	4,21	31,2	—	65,3				
14,5	274,1	334,3	0,460	0,561	432	2,73	9,2	10,9	20,0	60 bis 70	10	8,03	0,80
17,0	—	—	—	—	—	—	—	—	—				
18,2	333,6	405,5	0,485	0,590	332	4,09	12,5	32,5	40,5	70 bis 81	11	4,82	0,44
19,8	—	—	—	—	164	2,64	14,3	19,0	24,0				
20,5	—	—	—	—	108	1,88	14,9	16,0	19,5				
17,4	—	—	—	—	—	—	—	—	—	61 bis 82	21	13,12	0,62
18,4	—	—	—	—	180	2,03	11,8	13,5	17,6				
22,2	339,4	409,0	0,439	0,529	156	2,24	13,5	18,5	22,4				
25,1	—	—	—	—	224	5,08	17,0	48,2	57,3				
18,0	247,4	303,0	0,506	0,620	4	0,03	10,0	0,1	0,2	62 bis 73	11	5,82	0,53
19,9	—	—	—	—	120	1,45	12,4	9,2	12,4				
21,2	—	—	—	—	140	2,36	14,6	17,2	21,6				
18,6	—	—	—	—	—	—	—	—	—	63 bis 84	21	11,17	0,53
19,6	—	—	—	—	92	1,13	12,5	7,9	10,2				
21,6	—	—	—	—	100	1,64	14,4	12,8	15,9				
23,6	333,8	402,2	0,468	0,564	100	1,87	15,4	16,0	19,4				
26,2	—	—	—	—	164	4,26	18,2	46,1	53,5				
18,7	287,8	338,8	0,473	0,557	—	—	—	—	—	67 bis 77	10	5,00	0,50
19,5	—	—	—	—	—	—	—	—	—				
20,7	348,1	405,3	0,475	0,553	120	1,96	14,4	16,9	20,3	77 bis 88	11	4,44	0,40
22,3	—	—	—	—	148	3,17	16,5	25,7	31,9				
23,1	—	—	—	—	76	1,91	17,9	18,1	21,6				
17,3	323,5	379,5	0,483	0,566	80	0,54	9,3	2,4	4,3	67 bis 78	11	7,28	0,66
19,6	—	—	—	—	320	4,62	13,6	31,2	40,5				
20,5	—	—	—	—	170	3,17	15,4	27,2	33,1				

Laufende Nr.	Nr. der Versuchsfläche. Forstamts-Bezirk, Forstort und Abteilung. Beschreibung der Versuchsfläche.	Aufnahmejahr	Bleibender				
			Alter	Ober- höhe m	Mittl. Massen- höhe m	Stammzahl	Querfläche qm
103	**152. Hasselfelde II.** Wildlettern 14, Ostharz, 520 m. Ebene Lage, Zorger Tonschiefer, mitteltiefgr. sand. Lehm, geschl. wüchs. Bestd. 0,25 ha.	1889	71	19,6	18,9	1552	35,27
		1898	80	20,8	20,5	1112	34,51
104	**10. Seesen II,** Kneppelweg 88, Westharz, 305 m. Mäß. steile S.W.lage, Kulm-Grauwacke, tiefgr. Lehm, gut geschl. und wüchs. Bestd. 0,25 ha.	1877	73	21,6	20,3	932	28,08
		1883	79	—	—	932	31,56
		1888	84	26,6	25,4	796	31,54
		1885	91	—	—	648	31,77
		1900	96	—	—	568	30,53
105	**92. Scharfoldendorf,** Buchenbrink, Hils, 290 m. Lehne S.lage, Jura-Dolomit, mitteltiefgr. ton. Lehm, geschl. wüchs. Bestd. 0,25 ha.	1888	73	22,3	21,3	1404	36,89
		1893	78	—	—	1132	34,64
		1898	83	22,2	21,8	912	34,91
106	**118. Wieda,** Langeecke 80, Westharz, 555 m. Fast ebene Lage, unt. Wieder Tonschiefer, mitteltiefgr. Lehm, geschl. wüchs. Bestd. 0,25 ha.	1884	73	—	—	1136	36,74
		1891	80	21,9	21,7	1008	38,88
		1898	87	—	—	912	38,41
107	**17. Seesen II,** Katzenstein 11, Westharz, 315 m. Fast ebene bis sanft gen. W. und O.lage, Zechsteinkalk, s. tiefgr. ton. Lehm, locker geschl. schlankwüchs. oft zwiesel. Bestd., teilw. Stockausschl. 0,25 ha.	1879	74	22,4	22,3	792	34,69
		1884	79	—	—	792	36,70
		1889	84	24,2	23,4	752	38,73
		1895	90	—	—	624	38,60
		1900	95	—	—	524	35,77
108	**100. Scharfoldendorf,** Hint. Ith, Weserbergland, 340 m. Zieml. steile S.S.W.lage, Jura-Dolomit, mäß. tiefgr. Lehm, gut geschl. Bestd. 0,25 ha.	1883	75	—	—	924	34,10
		1888	80	23,5	22,0	924	37,95
109	**58. Königslutter,** Düsterewinkel 37, Elm, 275 m. Fast ebene N.N.O.lage, tiefgr. Blocklehm über Muschelkalk, geschl. wüchs. Bestd. mit unregelmäß. Stammstellg. 0,25 ha.	1879	77	22,6	21,8	672	30,70
		1884	82	—	—	672	32,95
		1889	87	25,5	24,1	620	33,82
		1893	91	25,3	24,9	540	33,46
		1898	96	—	—	432	31,43
110	**19. Seesen I,** Steinbühl 58, Westharz, 260 m. Lehne N.W.lage, Kulm-Grauwacke, s. tiefgr. Lehm, gutwüchs. gut geschl. Bestd. 0,25 ha.	1879	79	22,9	22,3	656	30,39
		1884	84	—	—	656	32,60
		1889	89	24,8	23,8	548	32,25
		1895	95	—	—	500	35,33
		1900	100	—	—	396	32,18

Bestand					Ausscheidender Bestand					Laufender Gesamtflächenzuwachs			
Mittl. Durchm.	Masse in fm		Bestands-Formzahl		Stammzahl	Querfläche	Mittl. Durchm.	Masse in fm		für das Alter von bis	für ? Jahre	im ganzen	jährlich
cm	Derbholz	Baumholz	Derbholz	Baumholz		qm	cm	Derbholz	Baumholz			qm	qm
17,0	305,6	360,2	0,458	0,540	80	0,79	11,2	4,6	6,8	71 bis 80	9	4,88	0,54
19,9	342,2	420,6	0,484	0,595	440	5,64	12,8	40,0	51,3				
19,6	276,4	320,0	0,485	0,561	136	1,67	12,5	13,0	16,2	73 bis 84	11	5,69	0,52
20,8	—	—	—	—	—	—	—	—	—				
22,5	392,0	454,4	0,489	0,567	136	2,23	14,4	19,4	23,5				
25,0	—	—	—	—	148	3,10	16,3	32,2	37,3	84 bis 96	12	4,72	0,39
26,2	—	—	—	—	80	2,63	20,4	28,7	33,4				
18,3	380,0	435,5	0,484	0,554	—	—	—	—	—	73 bis 83	10	5,37	0,54
19,7	—	—	—	—	272	3,30	12,4	21,1	28,2				
22,1	354,0	411,8	0,465	0,541	220	4,05	15,3	32,8	40,4				
20,3	—	—	—	—	196	2,68	13,2	19,0	24,8	73 bis 87	14	6,02	0,43
22,2	419,7	482,2	0,497	0,572	128	2,13	14,6	18,0	21,9				
23,2	—	—	—	—	96	2,22	17,2	19,5	23,8				
23,6	352,2	431,4	0,455	0,558	72	1,20	14,6	9,0	11,4	74 bis 84	10	4,93	0,49
24,3	—	—	—	—	—	—	—	—	—				
25,6	436,8	491,5	0,482	0,542	40	0,89	16,8	8,6	10,2				
28,1	—	—	—	—	128	3,88	19,6	37,0	44,0	84 bis 95	11	5,05	0,46
29,5	—	—	—	—	100	4,13	22,9	47,8	55,9				
21,7	—	--	—	—	64	0,96	13,8	6,6	8,5	75 bis 80	5	3,85	0,77
22,9	401,3	466,3	0,481	0,559	—	—	—	—	--				
24,1	320,1	381,4	0,478	0,570	168	2,63	14,1	21,4	26,1	77 bis 96	19	7,60	0,40
25,0	—	—	—	—	—	—	—	—	—				
26,4	414,0	486,6	0,508	0,597	52	1,17	17,0	10,6	12,8				
28,1	389,2	447,8	0,467	0,537	80	1,77	16,8	16,8	20,1				
30,4	—	—	—	—	108	3,93	21,5	40,3	47,8				
24,3	330,3	395,5	0,487	0,584	—	—	—	—	—	79 bis 89	10	4,69	0,47
25,1	—	—	—	—	—	—	—	—	—				
27,4	371,2	441,2	0,484	0,575	108	2,83	18,3	25,7	30,9				
30,0	—	—	—	—	48	1,57	20,4	15,2	18,1	89 bis 100	11	5,75	0,52
32,2	—	—	—	—	104	4,25	22,8	53,1	60,9				

Laufende Nr.	Nr. der Versuchsfläche. Forstamts-Bezirk, Forstort und Abteilung. Beschreibung der Versuchsfläche.	Aufnahmejahr	Bleibender				
			Alter	Ober-höhe m	Mittl. Massen-höhe m	Stammzahl	Querfläche qm
111	**73. Wolfenbüttel,** Gerichtsseite 6, Braunschweiger Flachland, 101 m. Ebene Lage, Kreidekalk, mitteltiefgr. Lehm, glattschäft. geschl. wüchs. Bestd. 0,25 ha.	1880	82	21,7	20,7	788	31,43
		1889	91	24,1	23,4	668	32,45
		1894	96	—	—	592	31,91
112	**49. Schöningen,** Jerxheimerholz 48, Elm, 252 m. Ebene Lage, Muschelkalk mit Blocklehm bedeckt, mitteltiefgr. Lehm über Ton, geschl. wüchs. Bestd. 0,25 ha.	1877	85	—	—	784	30,40
		1880	88	—	—	704	32,43
		1885	93	—	—	688	33,68
		1892	100	—	—	(640)	—
		1894	102	25,6	25,1	564	33,58
		1898	106	—	—	452	29,44
113	**150. Stiege,** Wolfstal 51, Ostharz, 512 m. Lehne N.N.O. lage, ob. Wieder Tonschiefer, mitteltiefgr. bis tiefgr. Lehm, geschl. zieml. gutwüchs. Bestd. 0,333 ha.	1889	86	22,9	21,7	837	34,69
		1895	92	—	—	717	33,62
114	**101. Scharfoldendorf,** Hint. Jth, Weserbergland, 340 m. Zieml. steile S.O. lage, Jura-Dolomit, mitteltiefgr. lehm. Ton, geschl. wüchs. Bestd. 0,30 ha.	1888	86	25,0	23,9	730	37,83
		1893	91	—	—	683	37,54
		1898	96	—	23,9	570	37,26
115	**48. Schöningen,** Teufelsküche 10, Elm, 240 m. Sanft gen. N. lage, Muschelkalk, tiefgr. Lehm, geschl. wüchs. Bestd. 0,25 ha.	1880	87	—	—	544	31,36
		1894	101	25,4	26,1	528	35,42
		1898	105	—	—	400	32,08
116	**1A. Königslutter,** Butterberg 17, Elm, 210 m. Sanft gen. O. lage, tiefgr. Blocklehm über Muschelkalk, geschl. gutwüchs. Bestd. mäßig durchf. 3,33 ha.	1856	88	—	22,1	605	29,90
		1861	93	—	23,1	605	30,70
		1864	96	—	—	—	—
		1866	98	—	—	513	31,95
		1871	103	—	25,6	513	34,77
		1872	104	—	—	—	—
		1876	108	—	—	512	36,29
		1878	110	—	—	—	—
		1880	112	—	—	—	—
		1880	112	—	—	—	—
		1881	113	—	27,3	420	35,27
		1887	119	—	28,1	353	33,85
		1893	125	—	—	343	35,38
		1899	131	—	—	270	33,75

Bestand					Ausscheidender Bestand					Laufender Gesamtflächenzuwachs			
Mittl. Durchm.	Masse in fm		Bestands- Formzahl		Stammzahl	Querfläche	Mittl. Durchm.	Masse in fm		für das Alter von bis	für ? Jahre	im ganzen	jährlich
	Derbholz	Baumholz	Derbholz-	Baum-				Derbholz	Baumholz				
cm						qm	cm					qm	qm
22,5	322,0	382,4	0,495	0,588	—	—	—	—	—	82 bis 96	14	6,07	0,43
24,9	373,0	456,0	0,491	0,601	120	3,37	18,9	32,3	38,6				
26,2	—	—	—	—	76	2,22	19,3	20,8	25,1				
22,2	—	—	—	—	—	—	—	—	—	85 bis 93	8	5,44	0,68
24,1	—	—	—	—	80	1,72	16,5	14,5	17,7				
25,0	—	—	—	—	16	0,44	18,8	4,0	4,7				
—	—	—	—	—	48	1,54	20,2	14,8	17,6				
27,5	389,0	464,8	0,462	0,551	76	2,50	20,4	24,3	28,9	93 bis 106	13	4,14	0,32
28,8	—	—	—	—	112	4,34	22,2	47,4	54,0				
23,0	372,2	446,9	0,494	0,594	27	0,46	14,7	3,7	4,6	86 bis 92	6	2,78	0,46
24,8	—	—	—	—	120	2,85	17,4	24,7	30,2				
25,7	437,5	510,8	0,484	0,565	100	2,20	16,8	20,5	24,3				
26,4	—	—	—	—	47	1,10	17,3	10,5	12,4	86 bis 96	10	4,60	0,46
28,9	406,2	460,2	0,456	0,517	113	4,07	21,4	37,4	45,4				
27,1	—	—	—	—	44	1,09	17,8	9,8	11,7				
29,2	442,4	521,8	0,479	0,564	16	0,52	20,4	5,3	6,3	87 bis 105	18	6,69	0,37
32,0	—	—	—	—	128	5,45	23,3	64,9	73,1				
25,1	—	401,5	—	—	—	—	—	—	—				
25,4	—	—	—	—	—	—	—	—	—				
—	—	—	—	—	92	2,24	17,8	—	24,6				
28,2	—	—	—	—	—	—	—	—	—	88 bis 108	20	8,71	0,44
29,4	—	—	—	—	—	—	—	—	—				
—	—	—	—	—	1	0,08	32,6	—	1,5				
30,2	—	—	—	—	—	—	—	—	—				
—	—	—	—	—	88	3,04	20,9	—	34,8				
—	—	—	—	—	—	—	—	—	0,5				
—	—	—	—	—	4	0,32	31,7	—	5,2				
32,6	—	—	—	—	—	—	—	—	—	108 bis 131	23	9,20	0,40
35,1	—	—	—	—	67	3,38	25,4	—	50,1				
36,2	—	630,0	—	—	10	0,45	24,0	—	6,2				
39,9	—	—	—	—	73	4,55	28,2	—	73,5				

Laufende Nr.	Nr. der Versuchsfläche. Forstamts-Bezirk, Forstort und Abteilung. Beschreibung der Versuchsfläche.	Aufnahmejahr	Bleibender				
			Alter	Ober- höhe m	Mittl. Massen- höhe m	Stammzahl	Querfläche qm
117	1B. **Königslutter,** Butterberg 17, Elm, 210 m. Sanft gen. O. lage, tiefgr. Blocklehm über Muschelkalk, locker geschl. gutwüchs. Bestd. stark durchforstet. 3,33 ha.	1856	88	—	22,1	359	21,85
		1861	93	—	23,1	359	22,75
		1866	98	—	—	359	25,97
		1870	102	—	—	—	—
		1871	103	—	24,3	281	25,17
		1872	104	—	—	—	—
		1876	108	—	—	280	27,22
		1878	110	—	—	—	—
		1879	111	—	—	—	—
		1880	112	—	—	—	—
		1881	113	—	28,0	260	28,18
		1887	119	—	28,4	224	27,05
		1893	125	—	—	223	28,72
		1899	131	—	—	171	26,48
118	51. **Gr. Rohde,** Hühnerholz 40, Elm, 210 m. Sanft gen. N. lage, sehr tiefgr. Blocklehm über Muschelkalk, geschl. wüchs., Bestd. 0,25 ha.	1880	88	—	—	580	33,70
		1885	93	—	—	580	36,10
		1893	101	29,3	28,0	500	37,33
		1898	106	—	—	376	34,61
119	113. **Wieda,** Wildenberg 53, Westharz, 414 m. Steile N.O. lage, Elbinger Grauwacke, zieml. tiefgr. Lehm, geschl. wüchs. Bestd. 0,40 ha.	1884	89	—	—	985	32,15
		1891	96	23,7	23,6	870	33,37
		1898	103	—	—	707	30,92
120	39. **Gr. Rohde,** Sundern 44, Elm, 222 m. Ebene Lage, sehr tiefgr. Blocklehm über Muschelkalk, geschl. wüchs. Bestd. mit unregelmäß. Stammverteilg. 0,25 ha.	1877	91	—	—	624	34,19
		1880	94	—	—	580	33,67
		1885	99	—	—	524	34,72
		1893	107	—	25,6	496	36,60
		1898	112	—	—	344	30,99
121	79. **Stiege,** Moortäler 75, Ostharz, 518 m. Sanft gen. N.O. lage, ob. Wieder Tonschiefer, tiefgr. Lehm, locker geschl. meist schlanker mit Moos u. Flechten bedeckter Bestd. 0,25 ha.	1880	93	24,3	22,6	620	34,88
		1885	98	—	—	608	37,21
		1889	102	—	—	588	37,44
		1891	104	25,5	25,1	564	38,41
		1895	108	—	—	472	36,66
		1900	113	—	—	396	34,24
122	47. **Schöningen,** Öhse 4, Elm, 220 m. Sanft gen. N. lage, Muschelkalk, tiefgr. Lehm, locker geschl. wüchs. Bestd. 0,50 ha.	1885	102	—	—	410	29,63
		1893	110	28,3	26,9	406	32,85
		1898	115	—	—	334	30,89

Bestand					Ausscheidender Bestand					Laufender Gesamtflächenzuwachs			
Mittl. Durchm.	Masse in fm		Bestands-Formzahl		Stammzahl	Querfläche	Mittl. Durchm.	Masse in fm		für das Alter von bis	für ? Jahre	im ganzen	jährlich
cm	Derbholz	Baumholz	Derbholz	Baumholz		qm	cm	Derbholz	Baumholz			qm	qm
27,9	—	301,1	—	—	216	8,22	22,2	—	92,3				
28,4	—	—	—	—	—	—	—	—	—				
30,3	—	—	—	—	—	—	—	—	—	88 bis 108	20	8,76	0,44
—	—	—	—	—	78	3,31	23,2	—	44,4				
33,8	—	—	—	—	—	—	—	—	—				
—	—	—	—	—	1	0,08	31,9	—	1,1				
35,2	—	—	—	—	—	—	—	—	—				
—	—	—	—	—	19	0,78	22,9	—	10,9				
—	—	—	—	—	1	0,09	33,9	—	1,2				
—	—	—	—	—	3	0,35	38,6	—	6,0				
37,1	—	—	—	—	—	—	—	—	—	108 bis 131	23	8,93	0,39
39,0	—	—	—	—	33	3,13	34,9	—	51,0				
40,3	—	519,6	—	—	1	0,07	29,9	—	1,0				
44,4	—	—	—	—	52	5,25	35,8	—	91,0				
27,2	—	—	—	—	32	0,73	18,1	7,2	8,4				
28,2	—	—	—	—	—	—	—	—	—	88 bis 106	18	9,14	0,51
30,8	520,8	584,4	0,498	0,559	80	2,62	20,4	29,1	33,5				
34,2	—	—	—	—	124	5,61	24,0	65,4	75,8				
20,4	—	—	—	—	460	5,55	12,4	44,2	54,8				
22,1	371,6	430,0	0,472	0,546	115	2,29	15,9	22,2	26,1	89 bis 103	14	4,77	0,34
23,6	—	—	—	—	163	3,71	17,0	35,0	42,1				
26,0	—	—	—	—	—	—	—	—	—				
27,2	—	—	—	—	44	2,32	19,5	20,8	25,2				
29,0	—	—	—	—	56	1,37	17,6	12,9	15,2	91 bis 112	21	9,42	0,45
30,7	459,6	527,0	0,491	0,562	28	1,07	22,1	10,7	12,7				
33,9	—	—	—	—	152	7,86	25,7	83,1	98,9				
26,8	394,0	465,0	0,500	0,590	72	1,37	15,6	12,0	14,4				
27,9	—	—	—	—	12	0,29	17,5	2,6	3,1	93 bis 104	11	5,00	0,45
28,5	—	—	—	—	20	0,50	17,8	4,7	5,6				
30,2	435,6	537,6	0,452	0,558	24	0,68	18,9	6,8	7,8				
31,4	—	—	—	—	92	3,52	22,0	35,6	42,2	104 bis 113	9	2,95	0,33
33,2	—	—	—	—	76	3,60	24,6	44,6	50,1				
30,3	—	—	—	—	—	—	—	—	—				
32,1	432,5	515,4	0,489	0,583	4	0,09	16,9	0,9	1,1	102 bis 115	13	4,90	0,38
34,3	—	—	—	—	72	3,55	25,0	41,6	47,5				

Laufende Nr.	Nr. der Versuchsfläche. Forstamts-Bezirk, Forstort und Abteilung. Beschreibung der Versuchsfläche.	Aufnahmejahr	Bleibender				
			Alter	Ober- höhe m	Mittl. Massen- höhe m	Stammzahl	Querfläche qm
123	55. **Königslutter,** Hainholz 16, Elm, 265 m, Fast ebene N.O.lage, tiefgr. Blocklehm über Muschelkalk, normal geschl. wüchs. Bestd. 1,00 ha.	1879	103	26,8	24,9	486	33,75
		1884	108	—	—	486	35,60
		1889	113	29,6	28,1	484	36,86
		1893	117	27,3	26,9	459	37,15
		1894	118	—	—	—	—
		1898	122	—	—	349	33,61
124	52. **Gr. Rohde,** Lattgehege 25, Elm, 200 m. Fast ebene S.O.lage, sehr tiefgr. Blocklehm über Muschelkalk, geschl. weitständ. wüchs. Bestd. 1,00 ha.	1877	112	—	—	376	35,14
		1880	115	—	—	347	34,75
		1885	120	—	—	347	37,68
		1893	128	31,7	29,9	330	39,57
		1898	133	—	—	276	37,33
125	90. **Scharfoldendorf,** Glockenhohl, Hils, 280 m. Steile W.S.W.lage, Jurakalk, tiefgr. lehm. Ton, geschl. mäß. wüchs. Bestd. 0,25 ha.	1883	118	30,7	28,8	544	39,25
		1888	123	29,3	28,0	544	40,88
		1893	128	—	—	504	39,96
		1898	133	27,9	27,5	472	40,76
126	54. **Königslutter,** Steinkuhlenberg 24, Elm, 280 m. Sanft gen. bis lehne N.u.O.N.O.lage, sehr tiefgr. Blocklehm über Muschelkalk, locker geschl. wüchs. Bestd. 1,00 ha.	1879	120	30,0	29,4	353	37,51
		1884	125	—	—	353	39,23
		1889	130	—	—	353	40,40
		1893	134	32,3	31,2	341	40,49
		1894	135	32,0	31,1	341	40,27
		1894	135	—	—	—	—
		1898	139	—	—	259	34,27
127	65. **Lichtenberg,** Botterpump 4, Braunschweiger Hügelland, 190 m. Sanft gen. W.lage, Buntsandstein, tiefgr. Lehm, mäß. wüchs. Bestd. 0,25 ha.	1879	126	31,9	29,8	392	45,28
128	110. **Königslutter,** Steinkuhlenberg 24/25, Elm, 295 m. Fast ebene N.lage, tiefgr. Blocklehm über Muschelkalk, geschl. wüchs. Bestd. 2,00 ha.	1883	128	—	—	363	38,43
		1884	129	—	—	—	—
		1889	134	—	—	320	37,14
		1893	138	30,6	30,4	308	38,85
		1894	139	31,6	30,4	308	38,80
		1894	139	—	—	—	—
		1898	143	—	—	264	34,65
129	109. **Gr. Rohde,** Herzberg 10, Elm, 300 m. Fast ebene, leicht nach O. geneigte Lage, tiefgr. Blocklehm über Muschelkalk, gut geschl. mittelwüchs. Bestd. 1,50 ha.	1883	129	30,8	29,4	357	38,26
		1889	135	—	—	352	39,23
		1893	139	31,5	30,8	339	40,06

Bestand					Ausscheidender Bestand					Laufender Gesamtflächenzuwachs			
Mittl. Durchm.	Masse in fm		Bestands-		Stammzahl	Querfläche	Mittl. Durchm.	Masse in fm		für das Alter von bis	für ? Jahre	im ganzen	jährlich
	Derbholz	Baumholz	Derb- holz-	Baum-				Derbholz	Baumholz				
cm			Formzahl			qm	cm					qm	qm
29,7	408,4	481,2	0,486	0,573	70	2,37	20,7	26,2	30,6	103 bis 122	19	7,18	0,38
30,5	—	—	—	—	—	—	—	—	—				
31,1	551,3	615,5	0,532	0,594	2	0,07	21,3	0,8	0,9				
32,1	524,1	584,7	0,524	0,585	25	0,98	22,3	10,4	12,2				
—	—	—	—	—	27	1,58	27,3	17,1	20,4				
35,0	—	—	—	—	83	4,69	26,8	51,6	60,8				
34,5	—	—	—	—	—	—	—	—	—	112 bis 133	21	8,48	0,40
35,7	—	—	—	—	29	1,32	24,0	15,5	17,6				
37,2	—	—	—	—	—	—	—	—	—				
39,1	617,8	703,9	0,522	0,595	17	0,88	25,7	10,7	12,3				
41,5	—	—	—	—	54	4,09	31,0	51,3	59,6				
30,3	521,0	587,7	0,461	0,520	16	0,42	18,5	4,6	5,2	118 bis 133	15	4,34	0,29
30,9	568,6	635,0	0,497	0,555	—	—	—	—	—				
31,8	—	—	—	—	40	1,49	21,8	17,6	19,8				
33,2	572,6	651,0	0,511	0,581	32	1,34	23,1	14,7	17,0				
36,8	539,3	624,8	0,489	0,567	—	—	—	—	—	120 bis 139	19,5	5,68	0,29
37,6	—	—	—	—	—	—	—	—	—				
38,2	—	—	—	—	—	—	—	—	—				
38,9	631,4	721,0	0,500	0,571	12	1,03	33,0	13,3	15,4				
38,8	672,4	743,7	0,537	0,594	—	—	—	—	—				
—	—	—	—	—	82	7,89	35,0	103,8	120,5				
41,0	—	—	—	—	—	—	—	—	—				
38,3	695,1	751,3	0,515	0,557	16	0,79	25,1	9,5	11,1	—	—	—	—
36,7	—	—	—	—	—	—	—	—	—	128 bis 143	15	5,65	0,38
—	—	—	—	—	43	2,98	29,5	41,1	46,1				
38,4	—	—	—	—	—	—	—	—	—				
40,1	623,4	728,2	0,528	0,617	12	0,75	28,2	9,3	10,8				
40,0	606,2	678,5	0,514	0,575	—	—	—	—	—				
—	—	—	—	—	44	5,70	40,6	72,8	84,9				
40,9	—	—	—	—	—	—	—	—	—				
36,9	592,5	674,0	0,527	0,599	—	—	—	—	—	129 bis 139	10	2,76	0,28
37,7	—	—	—	—	5	0,31	27,2	3,8	4,4				
38,8	661,7	747,5	0,536	0,606	13	0,65	25,0	8,2	9,3				

Laufende Nr.	Nr. der Versuchsfläche. Forstamts-Bezirk, Forstort und Abteilung. Beschreibung der Versuchsfläche.	Aufnahmejahr	Bleibender				
			Alter	Ober- höhe m	Mittl. Massen- höhe m	Stammzahl	Querfläche qm
	IV. Standortsklasse.						
130	**116. Wieda.** Kuckuck 59, Westharz, 480 m. Steile N.W.lage, unt. Wieder Tonschiefer, tiefgr. Lehm, geschl. Best. mit unregelm. Stammstellg. 0,25 ha.	1884	62	—	—	1488	23,84
		1891	69	17,7	17,2	1300	27,10
		1898	76	—	—	1036	27,19
131	**80. Hasselfelde II,** Radewege 40, Ostharz, 542 m. Fast ebene N.W.lage, Hauptkieselschiefer, tiefgr. strenger Lehm, geschl., mäß. wüchs. zieml. schlank. Bestd. 0,25 ha.	1880	76	19,0	18,7	1148	36,83
		1885	81	—	—	1148	39,67
		1891	87	22,4	21,3	1024	40,71
		1898	94	—	—	916	40,94
132	**81. Hasselfelde II,** Bullars 61, Ostharz, 535 m. Sanft gen. N.O.lage, ob. Wieder Tonschiefer, tiefgr. ton. Lehm, gutgeschl. schlank. Bestd. 0,25 ha.	1880	93	19,9	19,6	1052	37,21
		1885	98	—	—	1032	39,22
		1891	104	22,5	23,0	916	39,96
		1898	111	—	—	840	42,47
133	**149. Stiege,** Feuerholzhai 80, Ostharz, 546 m. Sanft gen. N.lage, Hauptkieselschiefer, mitteltiefgr., sand. Lehm, geschl. mittelwüchs. Bestd. 0,25 ha.	1889	93	21,0	21,1	904	39,42
		1895	99	—	—	740	39,02
		1900	104	—	—	740	39,71
134	**3 II. Stiege,** Neuehagen 55, Ostharz, 490 m. Ebene bis sanft gen. N.lage, Grünstein, tiefgr. Lehm, gut geschl. mittelwüchs. Bestd. schwach durchf. 1,25 ha.	1877	98	21,6	21,3	771	35,15
		1883	104	24,6	23,2	711	35,47
		1887	108	—	—	709	37,35
		1895	116	26,3	24,8	658	39,15
		1900	121	—	—	626	39,75
135	**3 III. Stiege,** Neuehagen 55, Ostharz, 490 m. Lehne N.lage, Grünstein, tiefgr. Lehm, zieml. geschl. mittelwüchs. Bestd. mäßig durchf. 1,25 ha.	1877	98	—	21,3	663	34,62
		1883	104	25,6	24,8	617	35,23
		1887	108	—	—	605	37,07
		1895	116	25,2	25,2	516	36,83
		1900	121	—	—	439	35,23
136	**3 IV. Stiege,** Neuehagen 55, Ostharz, 490 m. Lehne N.lage, Grünstein, tiefgr. Lehm, locker geschl. mittelwüchs. Bestd. stark durchf. 1,25 ha.	1883	104	25,5	24,3	514	31,84
		1887	108	—	—	446	30,78
		1895	116	25,9	25,5	385	30,81
		1900	121	—	—	385	32,47
137	**82. Schöningen,** Burgstelle 7, Elm, 215 m. Sanft gen. N.W.lage, mitteltiefgr. Blocklehm über Muschelkalk, geschl. mäß. wüchs. Bestd. 0,50 ha.	1880	102	25,2	22,9	500	33,24
		1885	107	—	—	500	34,97
		1893	115	26,4	25,7	466	36,45
		1898	120	—	—	356	32,20

Bestand: Mittl. Durchm. cm	Bestand: Masse in fm, Derbholz	Bestand: Masse in fm, Baumholz	Bestands-Formzahl: Derb-holz-	Bestands-Formzahl: Baum-	Ausscheidender Bestand: Stammzahl	Ausscheidender Bestand: Querfläche qm	Ausscheidender Bestand: Mittl. Durchm. cm	Ausscheidender Bestand: Masse in fm, Derbholz	Ausscheidender Bestand: Masse in fm, Baumholz	Laufender Gesamtflächenzuwachs: für das Alter von bis	Laufender Gesamtflächenzuwachs: für ? Jahre	Laufender Gesamtflächenzuwachs: im ganzen qm	Laufender Gesamtflächenzuwachs: jährlich qm
14,3	—	—	—	—	744	3,37	7,6	10,0	24,2	62 bis 76	14	7,86	0,56
16,3	206,5	255,1	0,443	0,547	188	1,55	10,2	8,7	12,4				
18,3	—	—	—	—	264	2,96	11,9	18,9	25,5				
20,2	331,2	405,6	0,481	0,589	152	2,08	13,2	13,1	17,4	76 bis 94	18	8,70	0,48
20,9	—	—	—	—	—	—	—	—	—				
22,6	370,6	452,0	0,427	0,521	124	2,16	15,1	18,0	22,3				
23,8	—	—	—	—	108	2,43	16,9	22,6	26,9				
21,3	353,7	433,1	0,485	0,594	180	2,38	13,0	17,8	22,5	93 bis 111	18	9,93	0,55
20,0	—	—	—	—	20	0,39	15,7	3,0	3,7				
24,1	471,4	549,9	0,513	0,598	116	2,53	16,7	21,8	25,8				
25,4	—	—	—	—	76	1,75	17,1	17,5	19,9				
23,6	393,1	492,0	0,473	0,592	4	0,05	12,5	0,4	0,5	93 bis 104	11	3,93	0,36
25,9	—	—	—	—	164	3,64	16,8	30,0	36,6				
26,1	—	—	—	—	—	—	—	—	—				
24,1	353,6	428,2	0,472	0,572	—	—	—	—	—	98 bis 108	10	4,00	0,40
25,2	394,6	463,2	0,480	0,563	60	1,73	19,3	16,2	19,3				
25,9	—	—	—	—	2	0,07	21,6	0,7	0,8	108 bis 121	13	4,55	0,35
27,6	494,9	586,4	0,510	0,604	51	1,22	17,6	11,7	13,8				
28,4	—	—	—	—	32	0,93	19,2	10,0	11,3				
25,8	354,8	429,9	0,481	0,583	—	—	—	—	—	98 bis 108	10	4,02	0,40
27,0	447,6	522,6	0,512	0,598	46	1,29	18,9	13,4	15,3				
27,9	—	—	—	—	12	0,28	17,2	2,8	3,2	108 bis 121	13	4,06	0,31
30,2	476,8	570,8	0,514	0,615	89	2,88	20,4	28,1	33,5				
32,0	—	—	—	—	77	3,02	22,4	36,0	40,3				
28,1	374,4	447,4	0,484	0,578	25	0,89	21,1	8,4	10,0	104 bis 121	17	6,79	0,40
29,7	—	—	—	—	68	2,99	23,7	33,3	38,4				
31,9	412,0	488,6	0,524	0,622	61	3,17	25,7	31,9	38,4				
32,7	—	—	—	—	—	—	—	—	—				
29,1	362,2	424,8	0,476	0,558	—	—	—	—	—	102 bis 120	18	5,51	0,31
29,8	—	—	—	—	—	—	—	—	—				
31,6	437,5	513,6	0,467	0,548	34	1,21	21,3	12,1	14,4				
33,9	—	—	—	—	110	5,34	24,9	65,2	73,8				

Laufende Nr.	Nr. der Versuchsfläche. Forstamts-Bezirk, Forstort und Abteilung. Beschreibung der Versuchsfläche.	Aufnahmejahr	Bleibender				
			Alter	Ober- höhe m	Mittl. Massen- höhe m	Stammzahl	Querfläche qm
138	**153. Hasselfelde I,** Langehorn 37, Ostharz, 480 m. Sanft gen. S.O.lage, Tanner Grauwacke, mitteltiefgr. sand. Lehm, geschl. mäß. wüchs. Bestd. 0,25 ha.	1889 1898	101 110	25,0 24,8	23,1 —	800 596	35,58 33,82
139	**144. Stiege,** Moortäler 82, Ostharz, 527 m. Lehne S.S.O.lage, ob. Wied. Tonschiefer, mitteltiefgr. sand. Lehm, geschl. schlechtwüchs. Bestd. mit unregelm. Stammverteilg. 0,15 ha.	1889 1895 1900	103 109 114	22,9 — —	21,1 — —	1120 913 787	37,04 36,65 34,67
140	**41. Schöningen,** Röllingerhorn 64, Elm, 205 m. Ebene Lage, tiefgr. Blocklehm über Muschelkalk, zieml. gut geschl. Bestd. 0,50 ha.	1877 1880	120 123	— 27,8	— 26,1	288 284	29,73 31,65
141	**77. Helmstedt,** Norderwald 38, Braunschweiger Hügelland, 135 m. Sanft gen. O. u. N.lage, Diluvium, s. tiefgr. lehm. Ton, geschl. mäß. wüchs. Bestd. mit schlechter Stammform. 0,25 ha.	1879 1885 1893 1898	121 127 135 140	28,1 — 29,4 —	26,6 — 28,0 —	488 452 420 264	35,73 36,16 36,64 29,62
	V. Standortsklasse.						
142	**93. Scharfoldendorf,** Buchenbrink, Hils, 290 m. Fast steile S.W.lage, Jura-Dolomit, zieml. tiefgr. Lehm, locker geschl. geringwüchs. Bestd. 0,25 ha.	1883 1888 1893	72 77 82	16,1 16,1 —	15,0 14,6 —	1792 1792 1452	25,27 28,46 26,58
143	**136. Scharfoldendorf,** Hilsborn, Hils, 280 m. Sanft gen. S.lage, Hilssandstein, tiefgr. Lehm über Ton, geschl. geringwüchs. Bestd. 0,20 ha.	1887 1893	90 96	16,6 —	15,3 —	1740 1348	29,87 28,60
144	**141. Blankenburg,** Krautberg 53, Ostharz, 420 m. Zieml. steile N.W.lage, ob. Wieder Tonschiefer, mitteltiefgr. Lehm, locker geschl., geringwüchs. Bestd. 0,25 ha.	1894 1900	97 103	16,2 —	15,9 —	1175 1085	26,62 27,11

Anmerkung: Die unter den laufenden Nummern 1, 2, 5, 6, 25—28, 75, 77—78, 89—92,

Bestand					Ausscheidender Bestand					Laufender Gesamtflächenzuwachs			
Mittl. Durchm.	Masse in fm		Bestands-Formzahl		Stammzahl	Querfläche	Mittl. Durchm.	Masse in fm		für das Alter von bis	für ? Jahre	im ganzen	jährlich
	Derbholz	Baumholz	Derbholz	Baumholz				Derbholz	Baumholz				
cm						qm	cm					qm	qm
23,8	408,6	470,4	0,497	0,572	16	0,33	16,2	3,0	3,5	101 bis 110	9	4,35	0,48
26,9	397,4	—	—	—	204	5,78	19,0	54,0	65,5				
20,5	383,1	446,4	0,490	0,571	73	1,20	14,5	9,3	11,6	103 bis 114	11	4,07	0,37
22,6	—	—	—	—	207	3,84	15,4	31,5	39,1				
23,7	—	—	—	—	126	2,60	16,1	22,0	26,3				
36,3	—	—	—	—	—	—	—	—	—	120 bis 123	3	2,09	0,70
37,7	421,4	508,2	0,510	0,615	4	0,17	22,9	1,8	2,1				
30,5	487,9	567,3	0,513	0,597	16	0,54	20,8	5,7	6,6	121 bis 140	19	6,93	0,36
31,9	—	—	—	—	36	1,35	21,9	14,6	17,1				
33,3	553,2	640,6	0,539	0,624	32	1,54	24,8	22,9	20,3				
37,8	—	—	—	—	156	10,15	28,8	132,9	148,9				
13,4	173,2	229,6	0,457	0,606	440	1,80	7,3	3,0	11,3	72 bis 82	10	4,04	0,40
14,2	180,5	240,1	0,434	0,578	—	—	—	—	—				
15,3	—	—	—	—	340	2,73	10,1	11,5	18,3				
14,8	198,6	259,3	0,435	0,567	220	1,28	8,6	3,5	8,2	90 bis 96	6,5	1,33	0,20
16,4	—	—	—	—	392	2,60	9,2	9,7	18,2				
17,0	200,5	236,0	0,474	0,558	5	0,05	11,3	0,2	0,4	97 bis 103	6	1,90	0,32
17,8	—	—	—	—	90	1,41	14,1	8,3	11,4				

95, 96, 116, 117 und 134—136 aufgeführten Flächen dienen gleichzeitig für Durchforstungsversuche.

II. Die Verwertung der Untersuchungsergebnisse zu Formzahl-, Ertrags- und Zuwachstafeln.

1. Grundidee.

Die Bearbeitung der, wie oben bereits erwähnt, bei der hiesigen forstlichen Versuchsanstalt seit dem Jahre 1877 ausgeführten Ertragsuntersuchungen war in erster Linie darauf gerichtet, den mittleren Massenzuwachsgang geschlossener Buchen-Hochwaldbestände für die verschiedenen Standorte oder Standortsklassen nach dem gegenwärtigen Stande unserer Erkenntnis festzustellen. Um dahin zu gelangen, stand es von vornherein fest, daß es sich angesichts des verhältnismäßig langen Zeitraumes, auf den sich unsere Erhebungen erstrecken, nur um die Aufstellung vollständiger Zuwachstafeln, d. h. solcher Tafeln handeln könne, die den gesamten Bestandszuwachs nach dem ausscheidenden und dem verbleibenden Bestande nachweisen.

Wer sich je mit der Aufstellung von Ertragstafeln beschäftigt hat, wird gleich mir die Überzeugung gewonnen haben, daß die Bearbeitung von Tafeln, die sich lediglich auf den Hauptbestand beziehen und nur darauf abzielen, dessen Massenvorräte für die verschiedenen Altersstufen nachzuweisen, eine wenig befriedigende Aufgabe ist, da man hierdurch über die Gesetze, nach denen sich der Bestand in seiner Gesamtheit entwickelt, im Grunde genommen nichts Sicheres erfährt.

Die Zuwachsgesetze und die Zuwachsleistungen des Bestandes klarzustellen sind derartige Hauptbestands-Vorratstafeln, wie sie wohl genannt werden, nicht geeignet, und für Wissenschaft und Praxis wird daher mit diesen Tafeln allein wenig genützt.

Man hat deshalb nach dem Vorgange G. L. Hartigs, wo nur irgend die erforderlichen Grundlagen zur Verfügung standen, sich angelegen sein lassen, außer den Holzmassen des bleibenden Bestandes auch die des ausscheidenden Nebenbestandes zu ermitteln, um auf diese Weise zu vollen Zuwachstafeln, d. h. zu Tafeln, die den gesamten Zuwachs des Bestandes nachweisen, zu gelangen. Ausgegangen ist man dabei freilich stets zunächst von den Vorratsmassen des Hauptbestandes und hat daneben, d. h. mittels eines besonderen Verfahrens, die Nebenbestandsmassen festzustellen gesucht.

Die letzteren sind in der Regel in der Weise ermittelt, daß man, unter Zugrundelegung der Stammzahl-Abgänge, wie sie sich aus den Hauptbestands-Vorratstafeln ergaben, mit Zuhülfenahme dieser oder jener Hypothese[1]) — auf welche im einzelnen einzugehen hier zu weit führen würde — die Massen des innerhalb der einzelnen Jahrzehnte oder Jahrfünfte ausscheidenden Bestandes berechnet hat. Die andere Möglichkeit, die Vorertragsmassen aus den Ergebnissen von längere Zeit hindurch beobachteten Ertragsprobeflächen unmittelbar zu entnehmen und danach zu einem zutreffenden Urteil über die mittleren Nebenbestandserträge zu gelangen, hat sich zunächst insofern als praktisch undurchführbar erwiesen, als bei der Kürze der bis jetzt vorliegenden Beobachtungszeiträume sich brauchbare Mittelzahlen nicht ergeben haben. Dies zeigt sich insbesondere auch bei Lorey[2]), der für seine Weißtannen- und Fichten-Ertragstafeln die auf den württembergischen Ertragsprobeflächen erlangten Vorerträge unmittelbar verwertet, dabei aber wahrscheinliche Mittelzahlen nicht erzielt hat. Auch bei unseren Untersuchungen, obwohl sie sich über einen längeren Zeitraum erstreckten, als er den übrigen Forschern bis jetzt bei der Bearbeitung von Ertragstafeln zur Verfügung stand, wäre es ein ganz vergebliches Bemühen gewesen, aus den wirklichen Durchforstungsanfällen eine brauchbare Vorertragstafel zusammenstellen zu wollen. Dies kann auch nicht wundernehmen, wenn man erwägt, daß die wirtschaftliche Behandlung vieler Probeflächen bis zu ihrer ersten Aufnahme eine andere war als später, namentlich in bezug auf Art, Stärke und Wiederkehr der Durchforstungseingriffe, und daß ferner auch bei den Aufnahmen durch die Versuchsanstalten, obwohl hierbei nach einheitlichen Wirtschaftsgrundsätzen verfahren wird, durch das subjektive Ermessen des Aufnehmenden

[1]) Ich erinnere hier an die von Th. Hartig, Weise, Wimmenauer und v. Guttenberg aufgestellten bezüglichen Hypothesen.

[2]) Ertragstafeln für die Weißtanne, 2. Aufl. 1897, S. 60 und Ertragstafeln für die Fichte, 1899, S. 76.

Schwankungen in die Ergebnisse hineingetragen werden können und tatsächlich häufig werden, die ebenso die Hauptbestandsmassen wie auch die Zwischenerträge — und zwar letztere ihrem prozentischen Betrage nach in weit höherem Grade als erstere — zu beeinflussen und damit den Einblick in den Wachstumsgang der Bestände zu stören geeignet sind.

Diese den jetzigen Aufnahmemethoden anhaftenden Nachteile lassen sich vermeiden, wenn man die Entwicklung des Hauptbestandes und die Abgänge im Nebenbestande nicht getrennt von einander ermittelt, sondern zunächst den Gesamtzuwachs der Bestände nach seinem gesetzmäßigen Verlaufe — von einem solchen werden wir nur in bezug auf die gesamte Massenerzeugung sprechen dürfen — zu erforschen bestrebt ist und dann erst unter Berücksichtigung der den Beständen zu teil gewordenen wirtschaftlichen Behandlung jenen Gesamtbetrag nach den davon auf den bleibenden und den ausscheidenden Bestand entfallenden Anteilen zergliedert.

Bei der Ermittlung des gesamten Bestandszuwachses wird indes nicht von den für die einzelnen Aufnahmen berechneten Massen ausgegangen werden dürfen, vielmehr werden zunächst die diese bedingenden Einzelelemente auf ihren gesetzmäßigen Verlauf zu erforschen sein. Dies aus zwei Gründen, einmal um eine sachgemäße Ausgleichung der den einzelnen Bestandsaufnahmen anhaftenden Fehler zu ermöglichen, die um so unvermeidlicher sind, als wir — abgesehen von der Stammgrundfläche — von wenigen Bestandsgliedern auf deren Gesamtheit zu schließen genötigt sind, sodann aber auch, weil grundsätzliche Verschiedenheiten hinsichtlich des Wachstumsganges der Bestände als solche nur dann richtig erkannt werden, wenn man weiß, auf welches der massenbildenden Elemente sie zurückzuführen sind.

In bezug auf ersteren Punkt ist allen, die dem Gegenstande näher getreten sind, hinlänglich bekannt, daß unsere Aufnahmemethoden, mögen sie auch für die Zwecke des Versuchswesens anscheinend noch so fein ausgebildet sein, ein völlig oder annähernd fehlerloses Ergebnis namentlich hinsichtlich des zwischen zwei Aufnahmen erfolgten Zuwachses überhaupt nicht erhoffen lassen und daß die Fehler, mit denen man stets zu rechnen hat, um so schwerer in die Wagschale fallen, je kürzer der zwischen den Aufnahmen liegende Zeitraum ist. Es können in diesem Falle selbst geringere

Massenfehler, zumal wenn sie bei der einen Aufnahme nach der einen, bei der andern nach der entgegengesetzten Seite liegen, die Zuwachsberechnung oft in so erheblichem Maße störend beeinflussen, daß man alle Ursache hat, aus derartigen Ermittlungen nicht zu voreilige Schlüsse zu ziehen. Namentlich gilt dies von vergleichenden Versuchen und Untersuchungen, bei denen man, ehe man sich auf Grund der erlangten Ergebnisse zugunsten der einen oder anderen Behandlungsweise entscheidet, stets zuvor auf das sorgfältigste prüfen sollte, mit welchem Genauigkeitsgrade die angewandte Methode arbeitet. Wie manches bei derartigen Gelegenheiten abgeleitete Gesetz würde sich ohne weiteres als hinfällig erwiesen haben, wenn der Bearbeiter sich die Mühe nicht hätte verdrießen lassen klarzulegen, mit welchen Fehlern er bei seinem Verfahren zu rechnen hat und ob nicht die hinsichtlich der Zuwachsleistungen der Vergleichsbestände sich ergebenden Unterschiede, die man auf eine verschiedene wirtschaftliche Behandlungsweise zurückführen zu dürfen geglaubt hat, als innerhalb der Fehlergrenzen der Aufnahme-Methode liegend anzusehen sind.

In jüngster Zeit haben diesem Gegenstande mehrere dem Versuchswesen nahestehende Fachgenossen ihre besondere Aufmerksamkeit gewidmet; ich nenne in dieser Beziehung hier nur die Namen Weise, Schwappach, K. Böhmerle, Bertog u. a. Auch ich hatte mich unlängst zu der Frage ausgesprochen[1]) und zwar dahin, daß man bei der Bearbeitung von Untersuchungsergebnissen nicht ohne weiteres die bei den einzelnen Aufnahmen direkt erlangten Ergebnisse zugrunde legen dürfe, sondern daß zuvor eine vergleichende, auf die Erkennung der Gesetzmäßigkeit des Zuwachsganges gerichtete Vorarbeit nötig sei, wobei man naturgemäß nicht von der Masse selbst, sondern von den die Masse zusammensetzenden einzelnen Faktoren ausgehen müsse.

Die Methode der Ausgleichung kann nun eine verschiedene sein, indem man diese entweder auf die verschiedenen Aufnahmen eines und desselben Bestandes beschränkt oder sie auf die Gesamtheit aller derjenigen Bestände, die denselben Wachstumsbedingungen unterliegen, erstreckt. So unentbehrlich uns nun auch

---

[1]) Vergleichende Untersuchungen über die Bestandsentwicklung bei der gemeinen Kiefer und der Weymouthskiefer. Tharander forstliches Jahrbuch, 51. Bd. S. 114ff.

das erstere Verfahren — das namentlich Schwappach bei der preußischen Versuchsanstalt ausgebildet und angewandt hat — da erscheint, wo uns die Aufgabe gestellt ist, die Ergebnisse vergleichender wirtschaftlicher Versuche, die innerhalb eines Bestandes angestellt sind, zu verarbeiten, so verdient anderseits, wenn, wie im vorliegenden Falle, eine größere Anzahl gleichartiger Untersuchungen zusammengefaßt werden soll, das andere Verfahren, das der Ausgleichung der Einzelfaktoren für alle den gleichen Wachstumsgesetzen unterliegenden Bestände, m. E. den Vorzug, da sich nur auf diesem Wege die gesetzmäßige Entwicklung der Zuwachs- und Massenelemente erforschen läßt und somit hinsichtlich derselben nur nach dieser Methode zuverlässige Mittelwerte erzielt werden können.

Hiernach ergeben sich für die vorliegende Bearbeitung die folgenden Aufgaben:

1. Zunächst ist zu ermitteln, ob das gesamte Untersuchungsgebiet, hier also das Buchengebiet unseres Herzogtums, als ein den gleichen Gesetzen unterliegendes einheitliches Wirtschafts- und Wachstumsgebiet anzusehen ist oder ob innerhalb desselben in bezug auf einzelne oder mehrere Wachstumsfaktoren Verschiedenheiten obwalten, die zu einer getrennten Bearbeitung der Aufnahmeergebnisse oder wenigstens der solche Abweichungen aufweisenden Faktoren nötigen. Nach Entscheidung dieser Frage ist

2. der gesetzmäßige Verlauf der den Massengehalt und den Gesamtmassenzuwachs der Bestände bedingenden einzelnen Faktoren an der Hand des vorliegenden Untersuchungsstoffes entweder für den gesamten Erhebungsbezirk in eins oder, falls mehrere Wachstumsgebiete innerhalb desselben auszuscheiden sind, für jedes der letzteren festzustellen. Dieser Bearbeitung sind zu unterwerfen:

a) Der Höhenwachstumsgang an der Hand der aus sämtlichen Beständen vorliegenden Höhenanalysen und Höhenmessungen;

b) die unechten Bestandsformzahlen für das Derbholz und für die gesamte oberirdische Holzmasse (Derbholz + Reisig);

c) der Gesamtgrundflächenzuwachs mit Hülfe der in regelmäßigen Zwischenräumen vorgenommenen Kluppierungen des bleibenden und des ausscheidenden Bestandes.

Auf Grund dieser Vorarbeiten wird nunmehr

3. zur Aufstellung der Ertrags- und Zuwachstafeln geschritten, indem

a) zunächst die Standortsklassen für das Gesamtgebiet oder, falls verschiedene Wachstumsgebiete vorhanden sind, für jedes einzelne derselben ausgeschieden werden. Dies soll geschehen nach der Höhe als demjenigen Wachstumsfaktor, der von allen Elementen den geringsten Schwankungen bei einer verschiedenen Behandlung der Bestände unterliegt und ferner, da er am bequemsten zu ermitteln ist, für die Unterscheidung der Standortsklassen in der Praxis die größte Bedeutung hat. Sodann soll

b) für jede Standortsklasse unter Zugrundelegung des mittleren Höhenwachstumsganges, des mittleren Gesamtflächenzuwachses und der mittleren Bestandsformzahlen der Gesamtmassenzuwachs für jede 10jährige Wachstumsperiode berechnet, hierbei aber zugleich

c) festgestellt werden, wie sich dieser Gesamtzuwachs nach Maßgabe der unseren Beständen zu teil gewordenen wirtschaftlichen Behandlung auf den bleibenden und den ausscheidenden Bestand verteilt. Auf diesem Wege werden somit ohne weiteres die Hauptzahlen zur Zusammenstellung der Ertrags- und Zuwachstafeln gewonnen.

Wie aus dem Gesagten erhellt, wird bei dem angewandten Verfahren als Standortsweiser in erster Linie die Höhe berücksichtigt. Wenn man dagegen davon abgesehen hat, auch die aus den Stärkeanalysen bekannten früheren Durchmesser der bei den Aufnahmen im Hauptbestande vorgefundenen Stämme zur Erkennung der Gesetzmäßigkeiten im Zuwachsgange der Bestände heranzuziehen, so ist dies deshalb geschehen, weil zumal bei Beständen, die aus natürlicher Verjüngung hervorgegangen sind, die früheren Stammstärken — in Verbindung mit der Stammzahl — den größten Schwankungen unterliegen. Einen derartigen Bestandsfaktor sollte man deshalb in die grundlegende Bearbeitung nicht ohne zwingenden Grund hineinziehen; ein solcher aber liegt nicht vor, da sich der Zuwachs in seiner Gesamtheit nach dem angewandten Verfahren, wie wir sehen werden, mit genügender Schärfe feststellen läßt.

Man berücksichtige, daß es sich hier zunächst nicht um die Frage handelt, wie die Bestände früher im einzelnen beschaffen gewesen sind, sondern lediglich darum, was sie in den verschiedenen Lebensperioden in der Gesamtheit ihrer Einzelglieder an Massenzuwachs geleistet haben. Letzterer setzt sich zusammen aus Höhen-, Flächen- und

Formzuwachs. Diese drei Elemente des Massenzuwachses aber erheben wir direkt an den einer gleichartigen wirtschaftlichen Behandlung unterliegenden Beständen. Wie sich nun der Flächenzuwachs auf die Einzelglieder des Bestandes verteilt, ist zunächst gleichgültig, insofern man von der Voraussetzung ausgeht, daß gleich alte und gleich gut geschlossene Bestände mit ungleichen Stammzahlen und Stammstärken sich hinsichtlich der Zuwachsleistung gleichstehen können. Daß in der Tat namentlich hinsichtlich des Flächenzuwachses trotz sehr verschiedener Zusammensetzung der Bestände große Übereinstimmung obwaltet, wird weiter unten zahlenmäßig dargelegt werden. Wenn daher das Hartigsche Weiserverfahren die Forderung stellt, daß nur solche Bestände zu einer Ertragsreihe vereinigt werden sollen, die in gleichem Lebensalter eine gleiche Anzahl Stämme von bestimmten Durchmesserstärken aufzuweisen haben, so erschwert es damit die Aufstellung von Ertragsreihen in ganz unnötiger Weise. Bei den mancherlei Zufälligkeiten, denen die Begründung zumal von Buchenbeständen bei der natürlichen Verjüngung in bezug auf eine größere oder geringere Stammzahl, auf besonders stark entwickelte Vorwüchse usw. ausgesetzt ist, wird man bei dieser Holzart, wenn man nach der Forderung des Hartigschen Verfahrens neben der Höhe auch der Stärkeentwicklung der Stämme im einzelnen einen maßgebenden Einfluß auf die Einorduung der Bestände in die Standortsklassen einräumt, nicht selten auf große Schwierigkeiten stoßen und oft wohl nur wenige Bestände übrig behalten, deren Entwicklung in beiden Beziehungen mit der des Weiserbestandes annähernd übereinstimmt. Das Weiserverfahren ist deshalb nur hinsichtlich der Höhenanalysen empfehlenswert und diese bilden, wie vorstehend dargelegt ist, einen Bestandteil der von mir angewandten Methode, im übrigen aber stützt letztere sich auf die Entwicklung namentlich des Grundflächenzuwachses, den die Probebestände im ganzen (ohne daß die einzelnen Bestandsglieder berücksichtigt werden) während der Beobachtungszeit, also in der Zeit, wo sie einer übereinstimmenden wirtschaftlichen Behandlung unterworfen sind, gehabt haben.

2. Bearbeitung der Höhen-Ermittlungen und Analysen.

Hinsichtlich der Verwertung der bei den Bestandsaufnahmen unmittelbar erhobenen sowie der gleichzeitig durch Analysen der Probestämme gefundenen Höhenzahlen handelt es sich, wie wir gesehen haben, zunächst um die Frage, ob der Höhenwachstumsgang älterer Bestände, die in demselben Alter eine annähernd gleiche Höhe erreicht haben, in den früheren Lebensaltern ein so übereinstimmender gewesen ist, daß man das gesamte Untersuchungsmaterial zu gemeinschaftlichen Ertragstafeln vereinigen darf, oder aber ob in dieser Beziehung ständige Unterschiede obwalten, die zu einer getrennten Bearbeitung auffordern. Zur genaueren Untersuchung dieser Frage wurden zunächst die sämtlichen aus den Stammanalysen sich ergebenden Oberhöhen-Kurven auf Pausepapier aufgetragen, wodurch ihre Vergleichung auf einfachste Weise ermöglicht wurde. Es ergab sich nun, daß wir in der Höhe einen Bestandsfaktor besitzen, der sich innerhalb unseres Beobachtungsgebietes mit der größten Regelmäßigkeit zu entwickeln pflegt und der deshalb und weil er sich im Walde stets mit Leichtigkeit feststellen läßt, als Standortsweiser ganz besonders geeignet ist.

Die Forschungsergebnisse von R. Hartig[1]), der in unserem Gebiete die Buche auf den vorzüglichen Standorten des Wesergebirges sowie auf den geringeren Bonitäten der höheren Lagen des Ostharzes untersucht hat und diesen beiden Standorten einen grundsätzlich voneinander verschiedenen Höhenwachstumsgang zugeschrieben, insbesondere auch gefunden hat, daß die Buche am Harze in der Jugend ein außergewöhnlich träges, dafür aber im Alter um so länger aushaltendes Höhenwachstum zeigt, haben sich bei unseren umfangreichen Untersuchungen nicht bestätigt. Diese lassen vielmehr zweifellos ersehen, daß die Meereshöhe unseres zwischen 95 und 555 m liegenden Beobachtungsgebietes bei sonst übereinstimmenden Standortsverhältnissen einen Einfluß auf das Höhenwachstum der Bestände nicht ausübt.

Daß gewisse Faktoren des Standortes im Einzelfalle eine Abweichung von dem allgemeinen Höhenwachstumsgange veranlassen können, liegt auf der Hand. Insbesondere wird man auf flachgründigen Böden und in den der Sonne oder dem Winde besonders ausgesetzten Lagen ein mehr oder weniger starkes Zurückbleiben der Höhenentwicklung gegenüber anderen Beständen von gleicher Standortsgüte entweder gleich von Anfang an oder doch im höheren Lebensalter öfters beobachten können. Letzteres ist bei uns namentlich

[1]) Wachstum und Ertrag der Rotbuche und Fichte im Spessart usw. Stuttgart 1865. Die Rentabilität der Fichtennutzholz- und Buchenbrennholzwirtschaft im Harze und im Wesergebirge. Stuttgart 1868.

in einigen Beständen des Bezirks Lichtenberg sowie in zwei Beständen (Flächen-Nrn. 31 und 32) des Gandersheimer Bezirks der Fall, umgekehrt haben einige andere Bestände dieses Bezirks (Nrn. 34 und 35) eine steiler als gewöhnlich ansteigende Kurve, sodaß sie etwa um das 50. oder 60. Jahr aus der II. in die I. bez. aus der III. in die II. Klasse hineingewachsen sind.

Abgesehen aber von diesen wenigen Ausnahmefällen ergab die Untersuchung, daß die Bestandshöhe einen nach den Höhen-(Standorts-)stufen zwar verschiedenen, innerhalb dieser aber dem gleichen Entwicklungsgesetze unterliegenden Verlauf aufzuweisen hat.

Nach diesem Ergebnis, das die gemeinschaftliche Verarbeitung unseres gesamten Beobachtungsmaterials ermöglichte, erwachsen nun hinsichtlich der Erforschung der Höhenentwicklung der Bestände die folgenden Aufgaben:

1. Die Unterschiede zwischen Oberhöhe, mittlerer Massenhöhe, arithmetisch-mittlerer Bestandshöhe und arithmetisch-mittlerer Nebenbestandshöhe sind festzustellen.

2. Es ist zu ermitteln, zwischen welchen Grenzen die Oberhöhen und die Mittelhöhen der älteren Bestände sich bewegen, um hieraus die Bonitätsgrenzen für die üblichen fünf Klassen, in die man das vorliegende Material einzuordnen sich entschlossen hatte, bestimmen und sodann die Bonitätsmittelwerte für die vorbezeichneten Höhen nach den verschiedenen Altern usw. festlegen zu können.

a) Anlangend das Verhältnis zwischen der Oberhöhe und der mittleren Massenhöhe des Hauptbestandes, so ergab eine rechnerische und graphische Bearbeitung sämtlicher Aufnahmen, daß der Unterschied zwischen beiden mit zunehmender Höhe steigt. Das Nähere in dieser Beziehung läßt die nachstehende Übersicht ersehen.

Bei einer Massenhöhe von m	ist die Oberhöhe größer um m	Bei einer Massenhöhe von m	ist die Oberhöhe größer um m
10	0,67	24	0,89
12	0,75	26	0,90
14	0,82	28	0,90
16	0,86	30	0,90
18	0,87	32	0,90
20	0,88	34	0,91
22	0,89	36	0,91

b) Der Unterschied zwischen der mittleren Massenhöhe und der arithmetisch-mittleren Höhe des Hauptbestandes wurde auf demselben Wege ermittelt. Man fand hierbei, daß bei Höhen zwischen 10 und 36 m, für die allein Beobachtungen vorlagen, der Unterschied gleichmäßig 0,45 m beträgt, um welchen Betrag die arithmetisch-mittlere Höhe im Durchschnitt geringer ist als die Massenhöhe. Nach unten hin (unter 10 m) wird man dagegen eine allmähliche Abnahme des Unterschiedes anzunehmen haben.

c) Ein Vergleich der Massenhöhe des Hauptbestandes mit der arithmetisch-mittleren Höhe des Nebenbestandes ergibt, daß der Unterschied zwischen beiden mit zunehmender Höhe steigt, wie dies nachfolgende Übersicht des näheren erkennen läßt:

Bei einer Hauptbestands-Massenhöhe (H_m) von m	ist die arithm.-mittl. Höhe des Nebenbestandes kleiner m	mithin beträgt letztere m	 in % von H_m
6	3,2	2,8	47
8	3,3	4,7	59
10	3,5	6,5	65
12	3,7	8,3	69
14	3,8	10,2	73
16	4,0	12,0	75
18	4,2	13,8	77
20	4,3	15,7	79
22	4,5	17,5	80
24	4,7	19,3	80
26	4,8	21,2	82
28	5,0	23,0	82
30	5,2	24,8	83
32	5,3	26,7	83
34	5,5	28,5	84
36	5,7	30,3	84

Es erfolgte sodann eine Trennung der Bestände in fünf Standorts-(Höhen-)Klassen in der Weise, daß die arithmetisch-mittlere Hauptbestandshöhe im 100. Jahre festgelegt wurde:

für die I. Klasse auf 32,0 m
" " II. " " 28,5 "
" " III. " " 25,0 "
" " IV. " " 21,5 "
" " V. " " 18,0 "

Die Kurven liegen somit in diesem Alter je 3,5 m auseinander und die Grenzlinien wurden als in der Mitte zwischen ersteren liegend angenommen.

Vergleicht man diese Zahlen mit denjenigen der im Jahre 1886 von der hiesigen Versuchsanstalt bearbeiteten vorläufigen Ertragstafel, die im 100. Jahre

für die	I.	Klasse eine mittlere Höhe von	31,03	m
„ „	II.	„ „ „ „ „	27,80	„
„ „	III.	„ „ „ „ „	24,88	„
„ „	IV.	„ „ „ „ „	22,15	„
„ „	V.	„ „ „ „ „	19,46	„

aufweist, so ersieht man, daß jetzt die Grenzen nach oben und unten etwas haben erweitert werden müssen und daß infolgedessen die 1. und 2. Klasse jetzt etwas höher, die 4. und 5. Klasse etwas tiefer liegen, während für die 3. Klasse nahezu der gleiche Wert beibehalten werden konnte.

Nunmehr wurden die Oberhöhen- und die Mittelhöhen-Kurven der älteren Bestände für die einzelnen Standortsklassen nach den Ergebnissen der Analysen rechnerisch festgestellt und sodann durch Reduktion die Mittelwerte dieser Kurven für die Standortsklassen ermittelt und im einzelnen ausgeglichen, zugleich auch die Grenzkurven zwischen den Bonitäten berechnet. Erst jetzt war es möglich, auch die *jüngeren* Bestände den Klassen zuzuweisen. Für solche Bestände, die, auf der Grenze zwischen zwei Bonitäten stehend, nicht nach allen Aufnahmen der *gleichen* Klasse zuzuweisen gewesen wären, wurde, unter Zugrundelegung des Verlaufs der allgemeinen Höhenkurven, das Mittel aus den Höhenergebnissen sämtlicher Aufnahmen des betr. Bestandes berechnet und dementsprechend die Einordnung vorgenommen.

Nicht unerwähnt soll schließlich hier bleiben, daß angesichts der vergleichsweise geringen Anzahl (12 bez. 3) der in die 4. und 5. Klasse fallenden Probebestände nicht nur die Höhenentwicklung, sondern der gesamte Entwicklungsgang für diese beiden Klassen nicht mit gleicher Wahrscheinlichkeit hat festgestellt werden können wie bei den ersten drei Ertragsklassen.

3. Bearbeitung der Bestandsformzahlen.

Eine Zusammenstellung der Formzahlen wurde auf zweifache Weise versucht. Zunächst wurden die Baumformzahlen nach *Standortsklassen* und innerhalb dieser nach 10jährigen *Altersstufen* geordnet (vergl. Übersicht Seite 81).

Die Übersicht läßt zwar insofern einen gesetzmäßigen Verlauf der Formzahlen erkennen, als diese

1. innerhalb der Standortsklassen mit zunehmendem Alter bis zu 80—110 Jahren fallen und von da ab weiterhin steigen und

2. innerhalb derselben Altersstufen mit sinkender Bonität steigen.

Indessen bot die Zusammenstellung schon deshalb für die erforderliche Ausgleichung der Reihen eine wenig geeignete Grundlage dar, weil die Verteilung der Formzahlen auf die Standortsklassen eine sehr ungleiche war und namentlich für die beiden letzten Klassen nur verhältnismäßig wenig Untersuchungen vorlagen. Zudem aber wäre man auf diesem Wege zu einer nur für gewisse besondere Zwecke ohne weiteres verwendbaren Formzahl-Übersicht gelangt, während die nach Höhen- und Durchmesserstufen geordneten ursprünglichen Werte (Übersicht Seite 82) von vornherein vermuten ließen, daß sie ein zu allgemeiner Verwendung geeignetes Hülfsmittel darbieten würden.

Berechnete Bestands-Baumformzahlen

der Versuchsbestände, geordnet nach Altersstufen und Standortsklassen.

Altersstufe	Standortsklasse				
	I	II	III	IV	V
Jahre	0,				
31—40	584	611	628	—	—
	3	4	1		
41—50	604	585	626	—	—
	1	6	8		
51—60	549	561	579	—	—
	7	9	20		
61—70	548	560	566	547	—
	7	9	11	1	
71—80	558	559	562	589	592
	10	16	12	1	2
81—90	534	563	571	521	567
	9	12	10	1	1
91—100	547	564	560	593	594
	5	16	7	5	2
101—110	562	551	564	577	—
	1	10	7	7	
111—120	575	562	583	597	—
	5	5	8	4	
121—130	626	571	583	606	—
	1	3	3	2	
131—140	—	572	591	624	—
		3	6	1	

Anmerkung: Unter den Formzahlen ist in kleinen Ziffern angegeben, auf wie viel Bestandsaufnahmen die Untersuchung für die betr. Stufe sich erstreckt hat.

Berechnete Bestandsformzahlen

der Versuchsbestände sämtlicher Standortsklassen geordnet nach Höhen- und Stärkestufen.

1. Baumformzahlen.

Massenhöhen m	Mittlerer Bestandsdurchmesser													Mittelformzahlen der Höhenstufen
	7 bis 9	10 bis 12	13 bis 15	16 bis 18	19 bis 21	22 bis 24	25 bis 27	28 bis 30	31 bis 33	34 bis 36	37 bis 39	40 bis 42	43 bis 45	
	cm in 1,3 m Meßhöhe 0,													
9—11	625	—	—	—	—	—	—	—	—	—	—	—	—	625
	2													2
12—14	611	607	614	—	—	—	—	—	—	—	—	—	—	609
	4	12	3											19
15—17	—	583	577	587	—	—	—	—	—	—	—	—	—	580
		2	25	8										35
18—20	—	—	581	552	576	588	—	—	—	—	—	—	—	562
			2	17	7	1								27
21—23	—	—	—	546	544	553	568	538	—	—	—	—	—	553
				5	7	21	8	2						43
24—26	—	—	—	—	611	568	559	569	586	—	615	—	—	571
					4	9	17	13	5		1			49
27—29	—	—	—	—	—	529	555	552	565	578	584	—	—	560
						3	13	17	15	8	4			60
30—32	—	—	—	—	—	—	—	537	549	570	583	588	—	568
								1	6	3	4	4		18
33—36	—	—	—	—	—	—	—	—	—	541	562	584	582	569
										3	3	4	3	13
Mittelformzahlen der Stärkestufen	616	604	581	560	560	556	560	557	565	569	581	586	582	
	6	14	30	30	18	34	38	33	26	14	12	8	3	

2. Derbholzformzahlen.

Massenhöhen m	Mittlerer Bestandsdurchmesser													Mittelformzahlen der Höhenstufen
	7 bis 9	10 bis 12	13 bis 15	16 bis 18	19 bis 21	22 bis 24	25 bis 27	28 bis 30	31 bis 33	34 bis 36	37 bis 39	40 bis 42	43 bis 45	
	cm in 1,3 m Meßhöhe 0,													
9—11	256	—	—	—	—	—	—	—	—	—	—	—	—	256
	2													2
12—14	379	431	454	—	—	—	—	—	—	—	—	—	—	423
	4	12	3											19
15—17	—	441	457	474	—	—	—	—	—	—	—	—	—	460
		2	25	8										35
18—20	—	—	433	461	480	495	—	—	—	—	—	—	—	465
			2	17	7	1								27
21—23	—	—	—	470	463	478	483	466	—	—	—	—	—	475
				5	7	21	8	2						43
24—26	—	—	—	—	484	487	479	485	501	—	510	—	—	485
					4	9	17	13	5		1			49
27—29	—	—	—	—	—	473	484	483	495	506	514	—	—	491
						3	13	17	15	8	4			60
30—32	—	—	—	—	—	—	—	487	490	503	519	521	—	505
								1	6	3	4	4		18
33—36	—	—	—	—	—	—	—	—	—	485	499	526	526	510
										3	3	4	3	13
Mittelformzahlen der Stärkestufen	338	432	455	466	474	480	482	483	495	501	511	523	526	
	6	14	30	30	18	34	38	33	26	14	12	8	3	

Behufs Ausgleichung der in vorstehender Übersicht nachgewiesenen Zahlenreihen wurde von der für die Buche nach den Untersuchungen über deren Einzelformzahlen als feststehend anzusehenden und auch durch die vorliegenden Untersuchungen bestätigten Tatsache ausgegangen, daß die Derbholzformzahl, namentlich für die mittleren und größeren Höhen und Stärken, weit geringeren Schwankungen unterliegt als die Baumformzahl. Es wurde dementsprechend zunächst eine Ausgleichung der Derbholzformzahlen vorgenommen, und sodann der Quotient $\frac{\text{Baumformzahl}}{\text{Derbholzformzahl}}$ berechnet, worauf sich durch Ausgleichung des letzteren zu stetig verlaufenden Zahlenreihen nach der Methode Wimmenauers[1]) ein regelmäßiger Gang der Baumformzahlen ergab.

Die ausgeglichenen Formzahlen findet man in den Übersichten auf Seite 132 ff. Es sei dazu bemerkt, daß nur für die mit aufrechten Ziffern gedruckten Werte Unterlagen vorhanden sind; da aber eine weitere Ausdehnung der Tafel für praktische Zwecke sich empfahl, so sind in schrägen Ziffern weitere Werte hinzugefügt, was unbedenklich geschehen konnte, da der gesetzmäßige Verlauf der Zahlenreihen in den aufrechten Ziffern sehr bestimmt zum Ausdruck kommt.

Was diesen Verlauf anlangt, so zeigt sich

1. bei der Baumformzahl die Einwirkung der Höhe innerhalb der einzelnen Stärkestufen als dahingehend, daß die Formzahl bei gleichem Durchmesser mit zunehmender Höhe fällt und zwar bei den schwächeren Stärkestufen und niedrigeren Höhen rascher, bei den größeren Durchmessern und Höhen langsamer.

Der Durchmesser übt dagegen seinen Einfluß in der Richtung aus, daß die Baumformzahl mit seiner Zunahme innerhalb der einzelnen Höhenstufen steigt. Das bei der Bearbeitung der Einzel-Formzahlen festgestellte Sinken der Formzahl in den geringeren Höhenstufen mit der Zunahme des Durchmessers bis zu 9—12 cm hat bei den Bestandsformzahlen nicht festgestellt werden können, wobei jedoch zu beachten bleibt, daß für die betreffenden Stufen bis jetzt nur sehr wenige Untersuchungen vorliegen.

2. Bei der Derbholzformzahl tritt die Einwirkung der Höhe im ganzen wenig hervor; man hätte deshalb daran denken können,

---

[1]) Allgem. Forst- und Jagdzeitung 1889 S. 221 ff., 1893 S. 12 ff.

die Formzahl innerhalb der Durchmesserstufen für alle Höhen mit dem gleichen Werte anzusetzen, wovon man indes schließlich doch Abstand genommen hat. Etwas ausgeprägter macht sich der Einfluß des Durchmessers und zwar nach der Richtung hin bemerkbar, daß die Formzahl mit ihm ansteigt; dies geschieht, wie leicht erklärlich, anfangs sehr rasch, später dagegen langsamer. Die in die Ertragstafeln eingestellten Formzahlen wurden den Übersichten auf Seite 132 ff. entnommen, wobei es, um Sprünge in der Abstufung der Zahlen innerhalb der Standortsklassen zu vermeiden, nur noch ganz geringfügiger Ausgleichungen bedurfte.

Eine geradezu auffallende Übereinstimmung zeigt sich zwischen unseren Bestandsformzahlen und den allgemeinen deutschen Einzelformzahlen von Horn-Grundner, wie dies die hierunter folgende Vergleichung einiger Werte aus beiden Tafeln ersehen läßt.

Höhe m	Durchmesser in 1,30 m Höhe: 10 cm		15 cm		20 cm		25 cm		30 cm		35 cm		40 cm	
	Df.	Bf.	Df.	Bf.	Df.	Bf.	Df.	Bf.	Df.	Bf.	Df.	Bf.	Df.	Bf.
12	399	621												
	392	*622*												
15			453	592										
			464	*601*										
18					468	575								
					477	*587*								
21					469	557	479	572	489	587				
					480	*565*	*485*	*581*	*489*	*593*				
24					470	545	480	562	490	577	500	590	510	601
					484	*552*	*489*	*568*	*495*	*580*	*500*	*586*	*506*	*593*
27							482	552	492	567	502	580	512	592
							493	*556*	*498*	*570*	*504*	*579*	*509*	*587*
30							483	544	493	559	503	572	513	583
							497	*546*	*502*	*562*	*508*	*572*	*511*	*581*
33										551	505	566	515	577
										553	*510*	*566*	*515*	*575*

Anm.: Die aufrechten Ziffern geben die Bestandsformzahlen an, die schrägen Ziffern die Einzelformzahlen aus Horn-Grundner, Formzahlen und Massentafeln, 1898 S. 78 u. 79.

Buchen-Bestandsformzahlen sind schon von mehreren anderen Seiten veröffentlicht. Wimmenauer[1]) hat solche von 89 Beständen der hessischen Provinz Oberhessen verarbeitet, während dem Forstassessor Dr. Schüz[2]) für seine Zusammenstellung der Bestandsformzahlen der Provinz Starkenburg Untersuchungen von 46 Versuchsflächen zur Verfügung standen. Schwappach[3]), dem die Derbholzformzahlen von 139 Probebeständen (mit, wie ich annehmen zu dürfen glaube, 272 Massenermittlungen) vorlagen, hat besondere Formzahltafeln nicht aufgestellt, die Formzahlen vielmehr lediglich für seine Ertragstafel benutzt. Die dort angegebenen Werte entsprechen denen unserer Tafel sehr gut, abgesehen von denen für einige jüngere Bestandsalter — in denen die Derbholzformzahlen ja bekanntlich von Bestand zu Bestand sehr voneinander abweichen — sowie für die fünfte Standortsklasse, für welche, wie dies in der Regel der Fall ist, nur wenige Untersuchungen zu Gebote standen. Die Baumformzahlen Schwappachs, die übrigens nicht unmittelbar aus bezüglichen Untersuchungen hervorgegangen zu sein scheinen, sind für den starken Durchforstungsgrad höher als für den mäßigen. Aber selbst die für letzteren stehen bei haubaren und angehend haubaren Beständen meist noch um 0,01—0,02 und für die jüngeren Bestände fast durchweg um 0,01—0,04 über den unserigen.

Baur[4]) hat Bestandsformzahlen nicht ermittelt und die von Schuberg[5]) berechneten weichen insofern grundsätzlich von den unserigen sowie von denen von Wimmenauer, Schüz und Schwappach ab, als er der Berechnung nicht die sog. Grundflächen- oder Massenhöhe, sondern die arithmetisch-mittlere Bestandshöhe zugrunde gelegt hat.

Hiernach lassen sich unsere Tafeln der Bestandsformzahlen (Seite 132—135) nur mit den von Wimmenauer und Schüz bearbeiteten Hessischen Bestandsformzahlen unmittelbar vergleichen, und es ergibt sich, daß diese namentlich bei den Höhen von 18 m aufwärts etwas höher liegen als die unserigen. —

---

[1]) Allgem. Forst- u. Jagdztg. 1893, Seite 12 ff.

[2]) Wachstum und Ertrag der Rotbuche im Großherzogtum Hessen. Inaug.-Dissertation. Gießen 1897.

[3]) Wachstum und Ertrag normaler Rotbuchenbestände. Berlin 1893.

[4]) Baur, Die Rotbuche. Berlin 1881.

[5]) Schuberg, Die Rotbuche. Tübingen 1894.

Im Anschluß an die Bearbeitung der Formzahlen ist eine Untersuchung ausgeführt darüber, in welchem Verhältnis die Durchmesser der Stämme mit zunehmender Höhe abnehmen. Man ist dabei ausgegangen von der Stammhöhe und der Stammstärke und hat, nach dreizentimetrigen Stärkestufen, die Abnahme der Stammdurchmesser nach oben, gegenüber dem Durchmesser in Brusthöhe (1,30 m), ermittelt. Wie zu erwarten war, hat sich ergeben, daß die Verhältniszahlen, die man erhält, wenn letzterer = 100 gesetzt wird, um so rascher sinken, je niedriger die Stämme sind. Da nun ferner die einzelnen Stärkestufen innerhalb gleicher Höhenstufen in dieser Beziehung keinerlei Verschiedenheiten nach bestimmter Richtung aufweisen, so ist man berechtigt, die Verhältniszahlen lediglich nach Höhenstufen zusammenzufassen, wie dies in der für die Bedürfnisse der Wirtschaft bestimmten Übersicht der sog. Ausbauchungsreihen auf Seite 131 geschehen ist. Diese Zahlen werden namentlich dann gute Dienste leisten, wenn die Aufgabe gestellt ist, in einem Bestande aus den gemessenen Brusthöhendurchmessern und den eingeschätzten oder durch Messung ermittelten Blochlängen die Blochholz-Masse und deren Verteilung auf die einzelnen Stärkeklassen der Bloche (letztere nach den Mittendurchmessern eingeteilt) zu bestimmen.

Bemerkt sei dabei, daß die mitgeteilten Verhältniszahlen sich auf die Untersuchung von 333 Probestämmen stützen, die den beiden stärksten Stammklassen von Beständen erster bis dritter Standortsklasse entnommen sind. Letzteres ist geschehen, weil die Aushaltung von Blochholz vorzugsweise für diese drei Standortsklassen Bedeutung hat und weil die Bloche hier vorwiegend in den höheren Stärkeklassen anfallen.

4. Ermittlung des laufenden Gesamtflächenzuwachses[1]).

Ein wesentliches Element für die von mir befolgte Methode der Ertragstafel-Aufstellung ist der laufende Gesamt-Grundflächen-

[1]) Schwappach hat den laufenden Gesamtflächenzuwachs bei der Aufstellung seiner neuesten Fichten-Ertragstafel (Mitteilungen aus dem forstlichen Versuchswesen Preußens. Neudamm 1902) ebenfalls mit benutzt. Ich bin meinerseits der Untersuchung dieses Faktors nähergetreten, bevor Schwappachs Arbeit erschienen war. Schon im Herbste 1901, als wir mit der Bearbeitung der dieser Schrift zugrunde liegenden Bestandsaufnahmen begannen, habe ich meinem damaligen Assistenten, dem jetzigen Herrn Oberförster Holtzberg, die

zuwachs, der sich aus den vorliegenden Kluppierungs-Ergebnissen berechnet, wenn man die Kreisflächen-Differenz zweier zeitlich aufeinander folgender Stärkeaufnahmen eines Bestandes um die Grundfläche des inzwischen ausgeforsteten Nebenbestandes vermehrt.

Es bedarf hier zunächst die Frage der Erörterung, mit welchem Genauigkeitsgrade der laufende Flächenzuwachs bei den Untersuchungen ermittelt wird. Der bei Kluppierungen für wissenschaftliche Zwecke Beachtung verdienenden Fehlerquellen sind selbst dann noch sehr mannigfache, wenn die Meßstellen, wie es bei uns von Anfang an geschehen ist, mit Ölfarbe dauernd bezeichnet sind und von jedem Stamme zwei Durchmesser abgenommen werden. Ich erinnere u. a. an den aus der Rauhborkigkeit der Stämme sich ergebenden Fehler, der freilich bei der Buche weniger als bei Eiche, Kiefer usw. ins Gewicht fällt, ferner an den auf nicht stets genauer Innehaltung derselben Himmelsrichtung bei nicht kreisrunden Querflächen beruhenden Fehler, dem man neuerdings durch Anbringung zweier Zeichen in Meßhöhe zu begegnen sucht, sowie endlich an den auf die Anwendung nicht völlig genau messender Kluppen und an den auf die Individualität des Kluppenführers zurückzuführenden Fehler, den ich kurz den persönlichen Fehler nennen möchte. Aus den sorgfältigen Untersuchungen von Böhmerle[1]) ist zu entnehmen, daß allein der letztere im Mittel sich auf nahezu 0,5% belaufen kann. Dazu kommt noch der Fehler, der aus der Abrundung der Kreisflächen auf halbe oder ganze Zentimeter entsteht. Nach der bisherigen Vorschrift der Anleitung für Durchforstungsversuche, der wir bei der hiesigen Versuchsanstalt auch auf den Ertragsprobeflächen gefolgt sind, sollen die Durchmesser für die im Mittel bis zu 10 cm starken Bestände auf halbe, für die stärkeren Bestände auf ganze Zentimeter

---

zu befolgende Bearbeitungsmethode — an der später nichts wesentliches geändert ist — dargelegt, dasselbe auch dessen am 1. April 1902 eingetretenem Nachfolger, Herrn Forstassessor Dörr, sowie bei Gelegenheit der Versammlung des Hils-Solling-Forstvereins im Juni 1902 — ebenfalls noch vor dem Erscheinen der Schwappachschen Schrift — Herrn Oberforstmeister Weise gegenüber getan, woraus zur Genüge hervorgeht, daß Schwappach und ich unabhängig voneinander gearbeitet haben. Im übrigen ergibt sich aus unseren Darstellungen, daß wir, um zu dem angestrebten gleichen Ziele zu gelangen, nur teilweise dieselben Wege benutzt haben.

[1]) Die forstlichen Versuchsarbeiten, Zentralblatt f. d. ges. Forstwesen 1890, S. 71. Versuche über Bestandsmassen-Aufnahmen, das. 1898 August- bis Dezember-Heft.

abgerundet werden. Wie ich nun bereits in meinen Untersuchungen über die Querflächenermittlung der Holzbestände, Berlin 1882, nachgewiesen habe (vergl. daselbst S. 40), ergeben sich bei einer Abrundung der nach Millimetern genau gemessenen Durchmesser auf volle Zentimeter Fehler inbezug auf die Kreisfläche bei 11—12 cm starken Beständen von mehr als 1 % und selbst noch bei Beständen von 20—30 cm mittlerem Durchmesser bis zu annähernd 1 %.

Nach alledem wird man bei der Berechnung der Kreisfläche nach dem bisherigen Verfahren im ganzen mit Fehlern von mindestens 1,5 Prozent zu rechnen haben. Die Bestrebungen des Vereins deutscher forstlicher Versuchsanstalten, die Stammgrundflächen-Aufnahme und Berechnung für wissenschaftliche Zwecke tunlichst genau zu gestalten, verdienen daher alle Beachtung, zumal bei sämtlichen Berechnungen über den Massenzuwachs an Vergleichsflächen, die einer verschiedenen wirtschaftlichen Behandlung unterworfen sind, stets in erster Linie von deren Flächenzuwachsleistungen ausgegangen werden muß.

Wie nun die bei den Grundflächenermittlungen begangenen Fehler auf die Zuwachsberechnung einzuwirken imstande sind, mag an einem einfachen Beispiele gezeigt werden. Wir nehmen an, daß ein Bestand im 30. Jahre eine Kreisfläche von 22,70 qm gehabt habe und daß diese (einschl. des Nebenbestandes) in 5 Jahren auf 25,90 und in 10 Jahren auf 29,10 qm angewachsen sei. Der periodisch-jährliche Zuwachs beträgt hiernach für jede fünfjährige Periode 0,64 qm.

Unterstellt man nun, daß die Kreisfläche im 30. Jahre um 1 % zu hoch, also zu 22,927 qm, im 35. und 40. Jahre aber völlig zutreffend ermittelt sei, so würde sich der Zuwachs für das erste Jahrfünft auf 0,595 qm jährlich, also um 7,0 % und für das ganze Jahrzehnt auf 0,6173, somit um 3,6 % zu niedrig berechnen. Der bei der ersten Aufnahme begangene Flächenfehler von 1 % wirkt somit auf den Zuwachs eines 5jährigen Zeitraumes mit 7 %, auf den einer 10jährigen Periode mit 3,6 % ein.

Aus diesem Beispiel erhellt ohne weiteres,

1. wie wichtig es ist, bei Kluppierungen für wissenschaftliche Zwecke sich der größten Genauigkeit zu befleißigen und Abrundungen, durch welche der bei der Aufnahme erzielte Genauigkeitsgrad beeinträchtigt wird, sorgfältig zu vermeiden,

2. daß bei Zuwachsberechnungen aus kurzen Beobachtungs-Perioden zuverlässige Ergebnisse nicht zu erzielen sind, weshalb erstere nur auf längere (mindestens 10 Jahre umfassende) Perioden aufgebaut werden sollten,

3. daß, wenn dies nicht geschehen ist und die größte Genauigkeit bei Ausführung der Untersuchung sowie bei Berechnung der Ergebnisse nicht verbürgt werden kann, hinsichtlich der Schlußfolgerungen namentlich bei dem Vergleiche verschiedener Wirtschaftsmaßregeln die größte Vorsicht geboten ist.

Inwieweit unsere Untersuchungen diesen Forderungen Rechnung tragen, ist oben teilweise bereits angedeutet; bemerkt sei dazu hier noch, daß wir kürzere als 10jährige Zuwachsperioden nach Möglichkeit ganz ausgeschlossen, ihnen jedenfalls einen ausschlaggebenden Einfluß auf das Ergebnis nicht eingeräumt haben.

Die Untersuchung über den laufenden Gesamtflächenzuwachs ist auf Grund der vorliegenden zahlreichen Grundflächenaufnahmen, deren Zahl sich, wie oben schon erwähnt ist, auf 585 beläuft, unter Trennung nach Standorts- und Altersklassen vorgenommen. Sie hat ergeben, daß der Zuwachs bereits in einem frühen Alter der Bestände — und zwar um so früher, je besser der Standort ist — seinen Höchstbetrag erreicht und dann allmählich sinkt, dergestalt, daß die Kurve von dem höchsten Punkte an eine nach oben konkave Form annimmt. Der Flächenzuwachs sinkt ferner bei gleichem Alter der Bestände im allgemeinen mit der Abnahme der Standortsgüte.

Im übrigen machen sich, selbst wenn man die Grenzen der möglichen bez. wahrscheinlichen Fehler ziemlich weit steckt, im einzelnen manche Schwankungen bemerkbar. Diese auf bestimmte, das Bestandsleben möglicherweise vorteilhaft oder nachteilig beeinflussende Momente zurückzuführen, hat nicht gelingen wollen. Darauf abzielende Versuche werden voraussichtlich erst von Erfolg gekrönt sein, wenn wir über noch längere Beobachtungszeiträume sowie über eine größere Anzahl numerierter Untersuchungsbestände verfügen. Aus einigen Ergebnissen könnte man vielleicht folgern, daß die höheren Gebirgslagen mit ihrem rauheren Klima und der kürzeren Vegetationsdauer auf den Flächenzuwachs im allgemeinen ermäßigend einwirken; man hätte danach, bei übrigens gleicher Standortsgüte, einerseits in allen Höhenlagen einen gleichmäßigen Höhenwachstumsgang, anderseits aber mit zunehmender Meereshöhe eine Abnahme des

Stärkewachstums. Ob aber diese Beziehung allgemein obwaltet, darüber bleiben zurzeit Zweifel bestehen. Die Überzeugung aber drängt sich aus den vorliegenden Erhebungen jedenfalls auf, daß, abgesehen von den über ein gewisses Maß hinausgehenden Unregelmäßigkeiten hinsichtlich des Schlusses und der Zusammensetzung der Bestände, auch standortliche Faktoren eine Abweichung von dem normalen Gange des Flächenzuwachses hervorzurufen vermögen. Diesen Einflüssen nachzuforschen wird eine Aufgabe späterer Zeiten sein.

Vor der Hand bleibt uns nur übrig, den Flächenwachstumsgang nach seinem mittleren Verlaufe in den einzelnen Standortsklassen zum Anhalte für unsere Ertragstafel zu nehmen.

Von einer zeichnerischen Darstellung dieses Verlaufs kann hier abgesehen werden, zahlenmäßig ist er in der betreffenden Spalte der Ertragstafel S. 120 ff. nachgewiesen.

Eine für die vorliegende Bearbeitung wichtige Frage ist ferner die, wie sich der Bestandsflächenzuwachs je nach der verschiedenen Dichtigkeit der Bestände innerhalb derselben Standorts- und Altersklassen verhält. Eine völlig zuverlässige Antwort auf diese Frage ließ sich aus den Ertragsuntersuchungen wegen des Mangels nach allen Richtungen hin vergleichsfähiger Bestände gleichfalls nicht gewinnen und mußte deshalb auf unsere Buchen-Durchforstungsflächen zurückgegriffen werden. Von diesen bieten die am Elme belegenen beiden Versuchsflächen ein ganz besonders wertvolles Vergleichsobjekt dar, sowohl wegen ihrer Größe (jede Einzelfläche umfaßt 3,33 ha) als auch vor allem deswegen, weil die Versuche schon im Jahre 1857 eingelegt sowie weil ferner die Stämme seitdem numeriert und die Meßstellen seit 1862 dauernd bezeichnet sind.

Über derartige exakte Versuche von so langer Dauer verfügt meines Wissens keine andere Versuchsanstalt; es muß daher den Ergebnissen dieser Flächen eine ganz besondere Beweiskraft beigemessen werden.

Bei diesen beiden Versuchen sind zwei Durchforstungsgrade (ein B-Grad und ein verstärkter C-Grad) eingelegt worden, deren Stärke durch die im Hauptbestande verbliebene Stammgrundfläche wohl am besten charakterisiert wird. In der Übersicht der Massen- und Grundflächenaufnahmen sind die Ergebnisse im einzelnen nachgewiesen (vergl. laufende Nrn. 95, 96, 116 und 117).

Einen Überblick über die Größe des Grundflächenzuwachses möge folgende kurze Zusammenstellung geben.

Bezeichnung der Fläche	Größe jeder Unterfläche ha	Standortsklasse	Periodisch-jährl. Gesamtzuwachs an Grundfläche für das Alter von bis	auf der mäßig durchforsteten Fläche qm auf 1 ha	auf der stark durchforsteten Fläche qm auf 1 ha
2 A u. B Groß-Rohde, Mönchespring 8	3,33	III	60—80	0,62	0,61
			80—103	0,48	0,49
			60—103	0,55	0,55
1 A u. 1 B Königslutter, Butterberg 17	3,33	III	88—108	0,44	0,44
			108—133	0,40	0,39
			88—131	0,42	0,41

Die vorstehenden Zahlen lassen zweifellos ersehen, daß trotz des immerhin bedeutenden Unterschiedes zwischen beiden Durchforstungsgraden im Laufe des Beobachtungszeitraumes eine irgendwie nennenswerte Abweichung hinsichtlich der gesamten Grundflächenerzeugung nicht vorhanden ist. Da die Bestände der III. Standortsklasse angehören, so wird man hiernach den Schluß zu ziehen berechtigt sein, daß bei Beständen mittlerer Güte von 60 Jahren aufwärts durch Durchforstungseingriffe von schon recht erheblicher Verschiedenheit eine beachtenswerte Ungleichheit in der Gesamtleistung der Grundfläche nicht hervorgerufen wird.

Anderseits liegen freilich nach unseren Ertragsuntersuchungen auch Anzeichen dafür vor, daß, sobald in Beständen dieser Altersklassen gewisse — zahlenmäßig noch nicht ganz feststehende — Grenzen der Bestandsdichte nach der einen oder nach der anderen Seite überschritten werden, der Flächenzuwachs zu sinken beginnt. Denn nur so läßt es sich erklären, daß unsere Kurven der I. Standortsklasse etwa zwischen dem 70. und 100. Jahre gleichzeitig bei der Masse, der Grundfläche und dem laufenden Gesamtflächenzuwachs eine bemerkenswerte Senkung aufweisen, wie denn anderseits bei unseren Erhebungen mehrfach hat beobachtet werden können, daß allzu gedrängt stehende Bestände mit wenig ausgebildeten Kronen einen oft auffallend geringen Zuwachs haben.

In den Beständen der erstgedachten Art waren, wie oben (Seite 9) bereits angedeutet ist, vor Festlegung der Probeflächen außergewöhnlich starke Durchforstungen eingelegt, sodaß sie bei unserer ersten Aufnahme im Verhältnis zur Höhe sehr geringe Kreisflächen und Massen aufwiesen. Die Folge hiervon war, daß auch der Flächenzuwachs hinter dem anderer Bestände zurückblieb, um sich erst wieder zu heben, nachdem wiederum eine größere Grundfläche und Masse angesammelt war.

Wie sich jüngere Bestände gegenüber Eingriffen von verschiedener Stärke verhalten, darüber geben ebenfalls einige Durchforstungsversuche Aufschluß.

In der Übersicht der Massen- und Grundflächenaufnahmen sind die Ergebnisse dieser Versuche unter den laufenden Nrn. 1, 2, 5, 6, 77 und 78 mitgeteilt. Ich lasse hier eine kurze Übersicht über die Größe des Grundflächenzuwachses der betr. Flächen folgen.

Bezeichnung der Fläche	Größe jeder Unterfläche ha	Standortsklasse	Periodisch-jährl. Gesamtzuwachs an Grundfläche für das Alter von bis	auf der mäßig durchforsteten Fläche qm auf 1 ha	auf der stark durchforsteten Fläche qm auf 1 ha
7 b u. c. Gandersheim, Sebexerhalbe 8	0,04	I	26—40	1,03	
			28—42		1,15
6 II u. III. Lutter a. B., Osterholz 35	0,25	I	38—48	0,88	0,95
			48—59	0,75	0,86
			38—59	0,82	0,90
4 II u. III. Holzminden I, Kuhschlenke	0,25	III	41—52	0,76	0,78
			52—62	0,67	0,68
			41—62	0,71	0,73

Nach diesen Ergebnissen glaube ich als erwiesen ansehen zu dürfen, daß in jüngeren Bestandsaltern (etwa bis gegen das 60. Jahr) durch starke Durchforstungseingriffe ein Mehr an Grundflächenzuwachs gegenüber der Erzeugung bei der mäßigen Durchforstung erzielt werden kann. Auch hat es den Anschein, daß dieses Mehr sich auf die besseren Standorte beschränkt und schon auf Böden dritter Klasse sich wesentlich verringert.

Für die große Praxis ist indes diese Beobachtung deshalb zunächst nicht von erheblicher Bedeutung, weil die meisten Wirtschafter aus triftigen Gründen sich stärkerer Eingriffe in jüngere Bestände enthalten zu müssen glauben und somit bei diesen Beständen in der Regel nur ein mäßiger Durchforstungsgrad in Frage kommt.

Für die bei mittleren und älteren Beständen praktisch in Anwendung kommenden Durchforstungsgrade ergibt sich dagegen nach vorstehendem, daß das Maß des Grundflächenzuwachses durch dieselben nicht merklich beeinflußt wird. Wir werden später sehen, in welcher Weise dieser wichtige Satz bei der Aufstellung von Ertragstafeln für verschiedene Durchforstungsgrade Verwendung findet.

5. Reisigprozente.

Für die Trennung des Derbholzes und des Reisigs (bis 7 cm einschl. stark) boten die Probestamm-Untersuchungen ein umfassendes und mit aller Schärfe erhobenes Material dar. Es sind daher auf solcher Grundlage und zwar aus den ausgeglichenen Derbholz- und Baumformzahlen die auf Seite 136 mitgeteilten Reisigprozente, die sich

a) auf die Baummasse und
b) „ „ Derbholzmasse

beziehen, ermittelt und ferner nach dieser Übersicht die in der Ertragstafel nachgewiesenen Anteile des Derbholzes an der gesamten oberirdischen Holzmasse berechnet.

Durch eine weitere Scheidung des Derbholzes in Scheit- (Kloben-) und Knüppelholz zu Sortimentstafeln zu gelangen, hielt ich nicht für angezeigt. Zwar sind die bei den Bestandsaufnahmen gefällten Probestämme nach den hier zu Lande üblichen Schichtmaß-Sortimenten aufgearbeitet, aber es pflegen die auf diesem Wege im kleinen gewonnenen Zahlen zuverlässige Mittelwerte nicht zu ergeben. Aus dem großen Betriebe abgeleitete Zahlen, wie sie jedem Buchenwirtschafter zu Gebote stehen, verdienen hier bei weitem den Vorzug.

6. Verfahren der Ertragstafel-Aufstellung im besonderen.

Zur Aufstellung der mittleren Ertragsreihen für die einzelnen Standortsklassen stehen nach obigem die Höhenkurven, die Bestandsformzahlen und die Kurven des Gesamtflächenzuwachses zur Verfügung. Man würde hieraus die Gesamterzeugung der Bestände, von der wir bei unserem Verfahren grundsätzlich ausgegangen sind, nicht aber die Verteilung der Massen auf den bleibenden und den ausscheidenden Bestand zu berechnen in der Lage sein. Um letzteres zu ermöglichen, sind noch die Massenkurven des bleibenden Bestandes erforderlich, die nunmehr auf Grund der vorliegenden Aufnahmeergebnisse entworfen sind. Aus den Massen- und Höhenzahlen sowie den Formzahlen ergeben sich außerdem die Grundflächen, deren Kurven an der Hand der auf den Flächen unmittelbar gewonnenen Ergebnisse kontrolliert und behufs Erzielung eines stetigen Verlaufs gleichzeitig mit den Massenkurven mehrmals ausgeglichen worden sind, wie dies für diejenigen Leser, welche mit derartigen mühsamen Arbeiten vertraut sind, nicht besonders hervorgehoben zu werden braucht.

Die in den Ertragstafeln dargestellte Zuwachsermittlung knüpft nun an die Kreisfläche und Masse des Hauptbestandes im 30. Jahre an, indem für die folgenden Jahrzehnte die Gesamtzuwachsbeträge in der Weise berechnet werden, wie durch nachstehendes Beispiel gezeigt werden soll.

Für die I. Standortsklasse weist die Hauptbestands-Grundflächenkurve im 30. Jahre 18,8 qm nach, der Gesamtflächenzuwachs beträgt für die nächsten 10 Jahre 9,0 qm, mithin wächst die Grundfläche bis zum 40. Jahre auf 27,8 qm an. Hiervon verbleiben, der Hauptbestands-Massenkurve zufolge, im Hauptbestande 24,5 qm, während der Rest mit 3,3 qm in den Nebenbestand fällt. Zu den angegebenen Haupt- bez. Nebenbestandskreisflächen wird nun für das 40. Jahr unter Zuhülfenahme der in der Tafel angegebenen Höhen sowie der Formzahlen für Haupt- und Nebenbestand bez. der Formhöhen die Holzmasse berechnet.

Für das folgende Jahrzehnt beträgt der Gesamtflächenzuwachs 8,9 qm, sodaß die Kreisfläche im 50. Jahre auf $24{,}5 + 8{,}9 = 33{,}4$ qm angewachsen sein wird, wovon 4,9 qm ausscheiden; mithin verbleiben dem Hauptbestande im 50. Jahre 28,5 qm. In gleicher Weise fährt man mit der Berechnung fort, indem man für jedes folgende Jahrzehnt mit Hülfe des periodischen Gesamtflächenzuwachses stets zunächst die Kreisfläche des bleibenden und des ausscheidenden Bestandes ermittelt und hierzu sodann die Massen berechnet.

Es sind nunmehr noch die Kurven der Stammzahlen und der mittleren Durchmesser festzustellen, die in Wechselbeziehung zueinander stehen, da die Kreisflächen als gegeben anzusehen sind. Unter Anlehnung an die wirklichen Bestandsaufnahmen wurden zunächst normale Reihen der mittleren Durchmesser aufgestellt und die sich daraus ergebenden Stammzahlen an der Hand der aus den Aufnahmen unmittelbar abgeleiteten Stammzahlreihen einer Prüfung unterzogen. Auf diesem Wege gelangte man nach mehrfachen Ausgleichungen zu den in den Tafeln nachgewiesenen Werten.

Bemerkt sei noch, daß die Vorerträge in den Tafeln erst in einem Bestandsalter Berücksichtigung gefunden haben, in welchem solche erfahrungsmäßig auch wirklich in der Wirtschaft genutzt zu werden pflegen.

7. Die fertigen Ertrags- und Zuwachstafeln.

Die fertig berechnete Normalertragstafel ist auf den Seiten 120 bis 129 abgedruckt.

Die darin enthaltenen Einzelbestandsfaktoren sind ihrem gesetzmäßigen Verlaufe nach schon an anderer Stelle behandelt. Die Zerlegung der erzeugten Gesamtmasse in bleibenden und ausscheidenden Bestand stellt sich als ein Ergebnis wiederholter wirtschaftlicher Eingriffe dar, aus welchen nicht notwendig gesetzmäßige Reihen hervorzugehen brauchen. Aber selbst wenn solches der Fall wäre, so könnte diesen im Hinblick auf die vielen wirtschaftlichen Möglichkeiten eine weitergehende Bedeutung nicht beigemessen werden, so daß eine Diskussion hierüber nicht von allgemeinerem Interesse sein würde. Es sei daher hier nur auf den Verlauf des Gesamtmassenzuwachses kurz hingewiesen, der, wie wir gesehen haben, durch die Art unserer Wirtschaftsführung im ganzen wenig beeinflußt wird und hinsichtlich dessen wir daher von Gesetzmäßigkeiten zu sprechen ohne weiteres berechtigt sind.

In dieser Beziehung ist zu erwähnen, daß der laufende Gesamtmassenzuwachs mit seinem Gipfelpunkte

bei Klasse	I	mit	13,8 fm	zwischen	das	60.	u.	70.	Jahr
„ „	II	„	11,7	„	„	„ 50.	„	70.	„
„ „	III	„	9,7	„	„	„ 50.	„	60.	„
„ „	IV	„	7,8	„	„	„ 50.	„	60.	„
„ „	V	„	5,9	„	„	„ 50.	„	60.	„

fällt und somit auf den besseren Standorten etwas länger aushält als auf den geringeren. Was dagegen den Durchschnittszuwachs betrifft, so erreicht dieser den Höchstbetrag mit bez. 10,4, 8,9, 7,3, 5,9, 4,2 fm übereinstimmend etwa um das 110. Jahr, hält sich jedoch während der nächsten 30 Jahre, also bis zum 140. Jahre, über das die Ertragstafel nicht hinausreicht, nahezu noch auf derselben Höhe.

Die Gesamtmassenerzeugung beläuft sich bis zum 140. Jahre in

Kl. I	auf	1409	fm,	davon	1207	fm	Derbholz	u.	202	fm	= 14	%	Reisig
„ II	„	1200	„,	„	1005	„	„	„	195	„	= 16	„	„
„ III	„	991	„,	„	813	„	„	„	178	„	= 18	„	„
„ IV	„	796	„,	„	623	„	„	„	173	„	= 22	„	„
„ V	„	556	„,	„	423	„	„	„	133	„	= 24	„	„.

Auf die Ertragstafel folgt auf Seite 130 eine Übersicht, welche die Hauptbestandsmassen nebst den Grundflächen und Formhöhen im Mittel sämtlicher Standortsklassen als Funktionen der Bestandshöhen nachweist, ferner auf Seite 131 eine auf Grund der Ertragstafel berechnete Zuwachsprozenttafel. Endlich gehören dazu die dem Buche beigefügten beiden lithographierten Tafeln, welche sog. Höhen-Ertragskurven darstellen. Auf diese Übersichten kommen wir weiter unten (S. 107) zurück.

III. Die Anwendung der Tafeln.

1. Ertrags- und Zuwachstafeln.

Da nach den vorstehenden Darlegungen die Bestandshöhe sich im allgemeinen als ein hinsichtlich ihres Entwicklungsganges sehr beständiger Standortsweiser gezeigt hat, so haben wir in ihr ein Mittel, solche Bestände, deren Alter bekannt ist, ebenso zuverlässig wie bequem in die Standortsklassen der Ertragstafel einzureihen.

Ob man freilich berechtigt ist, den in der Ertragstafel dargestellten Massenentwicklungsgang bei einzuschätzenden Beständen ohne weiteres vorauszusetzen, bedarf noch näherer Untersuchung. Jede Ertragstafel gilt bekanntlich zunächst nur für eine bestimmte Begründungs- und Erziehungsart der Bestände. Unsere Tafel geht von der Begründung der Bestände durch natürliche Verjüngung aus, sowie von einem anfangs mäßigen, später etwas verstärkten Durchforstungsbetriebe, dessen Stärkegrad nach der Grundflächensumme des Hauptbestandes für die verschiedenen Standorts- und Altersstufen sich zutreffend beurteilen läßt. Die Tafel ist daher nur für solche normalen Bestände ohne weiteres verwendbar, die in gleicher oder ähnlicher Weise begründet und erzogen sind und die insbesondere hinsichtlich ihrer Stammgrundflächensummen derjenigen Stufe der Tafel, in welche sie nach Höhe und Alter gehören, annähernd gleichstehen.

Erwägt man nun, daß in der Praxis nicht selten ein Durchforstungsbetrieb üblich ist, der sich von dem unserigen mehr oder weniger entfernt, so ist von vornherein kaum anzunehmen, daß die Tafel sich in ihrer ursprünglichen Form für bestimmte Wirtschaftsgebiete allzuhäufig benutzen läßt.

Es ist deshalb die Frage von großer Bedeutung, ob man imstande ist, sich mit der Ertragstafel auch veränderten wirtschaftlichen Verhältnissen anzupassen und damit ihr Verwendungsgebiet zu erweitern. Die Möglichkeit hierzu bietet bei dem von mir angewandten Verfahren die Tatsache, daß Abweichungen hinsichtlich des Stärkegrades der Durchforstung, sofern sie sich auf das mittlere und höhere Lebensalter der Bestände (etwa vom 60. Jahre an aufwärts) beschränken und die in der Praxis meistenorts innegehaltenen Grenzen nicht überschreiten, auf den Gesamtflächenzuwachs ohne wesentlichen Einfluß bleiben. Mit Hülfe dieses Gesetzes vermögen wir unsere Tafel abweichenden wirtschaftlichen Verhältnissen entsprechend abzuändern, wie an einem Beispiele gezeigt werden mag.

Nehmen wir an, ein Wirtschaftsgebiet zähle durchweg zu unserer III. Standortsklasse und es sei daselbst bis zum 80. Jahre ein mit dem unserigen übereinstimmender Durchforstungsbetrieb üblich, dagegen beabsichtige man nicht, für die höheren Bestandsalter eine weitere allmähliche Steigerung der Bestandsgrundfläche, wie dies die Tafel vorsieht, eintreten zu lassen, sondern wolle die im 80. Jahre erzielte Grundflächensumme von 34,2 qm in gleicher Höhe beibehalten. Bei dieser Wirtschaft wird man also schon im 90. Jahre, wo die Tafel für den Hauptbestand eine Grundfläche von 35,2 qm vorsieht, im Durchforstungswege 1 qm mehr entnehmen als die Tafel angibt. Die Berechnung einer abgeänderten Ertragstafel vom 90. Jahre an aufwärts erfolgt nun mittels der in unserer Tafel nachgewiesenen Massenfaktoren für Haupt- und Nebenbestand, wobei der Umstand füglich unberücksichtigt bleiben kann, daß bei einer Verschärfung der Durchforstungshiebe sich die Haupt- wie auch die Nebenbestandshöhen gegenüber den Tafelwerten etwas ändern.

Die hier folgende Übersicht weist die unter dieser Voraussetzung abgeänderten Hauptwerte der dritten Standortsklasse nach:

III. Standortsklasse.	Bleibender Bestand			Ausscheidender Bestand		
Alter Jahre	Stammgrundfläche qm	Formhöhe	Baumholzmasse fm	Stammgrundfläche qm	Formhöhe	Baumholzmasse fm
90	34,2	13,3	**455**	4,4	10,7	**47**
100	34,2	14,4	**492**	3,9	11,5	**45**
110	34,2	15,4	**527**	3,6	12,3	**44**
120	34,2	16,2	**554**	3,3	13,0	**43**
130	34,2	16,9	**578**	3,0	13,6	**41**
140	34,2	17,2	**588**	2,7	13,9	**38**

Ferner ist hier die Frage aufzuwerfen, ob die Ertragstafel, selbst wenn sie in dieser Weise den jeweiligen Wirtschaftsgrundsätzen entsprechend abgeändert ist, mit ihren Massenansätzen ohne weiteres für die Zwecke der Praxis Verwendung finden kann. Diese Frage muß verneint werden. Die Ursache hiervon liegt nicht etwa darin, daß die Ergebnisse der Probeflächenaufnahmen hinsichtlich ihres Vollbestandsgrades zu beanstanden wären, sondern darin, daß die Art der Nutzung und die Massenberechnung bez. Buchung im großen Betriebe eine andere zu sein pflegt, als bei den mit aller wissenschaftlichen Schärfe aufgenommenen Versuchsbeständen.

Zugegeben muß freilich werden, daß Bestände von so normaler Bestockung, wie sie unseren Probeflächen eigen ist, auf ausgedehnteren Flächen selten vorkommen. Da jedoch das Verhältnis der wirklichen Bestockung zur normalen im Vollbestandsfaktor seinen ziffermäßigen Ausdruck findet, so ist hieraus ein Bedenken gegen die Anwendbarkeit von Normalertragstafeln für praktische Zwecke wohl nicht herzuleiten. Wenn gleichwohl auch bei Berücksichtigung des Vollbestandsfaktors zwischen den in den Ertragstafeln nachgewiesenen Erträgen und den in der Wirtschaft rechnungsmäßig anfallenden Massen noch beachtenswerte Unterschiede verbleiben, so sind diese darauf zurückzuführen, daß der große Betrieb mit mancherlei Mindererträgen zu rechnen hat, die sich teils aus der Nichtnutzung gewisser Baumteile, teils auch aus einer nicht völlig zutreffenden Massenberechnung für die aufgearbeiteten Hölzer ergeben.

Die Höhe dieser wirklichen und rechnungsmäßigen Ertragseinbußen ist je nach der Art der Nutzung und Aufarbeitung sowie der Festgehaltsermittlung verschieden. Es können daher **allgemein gültige Sätze**, die an den Ertragstafelansätzen in Abzug zu bringen wären, nicht angegeben werden. Die betr. Minderergebnisse sind vielmehr vor Anwendung jeder Normalertragstafel durch die Wirtschaftsleitung selbst festzustellen, die allein die zu berücksichtigenden Umstände zu übersehen vermag [1]).

---

[1]) Erst in jüngster Zeit hat man diesem Gegenstande besondere Aufmerksamkeit gewidmet. Vergl.:

1. **Wimmenauer**, Wachstum und Ertrag der Rotbuche in Oberhessen (Bericht über die 10. Versammlung des Forstvereins für das Großherzogtum Hessen zu Offenbach a. M. 1893, S. 93);
2. **Flury**, Wieviel von der wirklich geschlagenen Derbholzmasse bucht die Forstverwaltung als stattgehabte Nutzung? (Mitteilungen der Schweizerischen

Auf einige bezügliche Punkte sei hier aufmerksam gemacht. So werden häufig die Stöcke in größerer Höhe abgesetzt als dies bei den Versuchsarbeiten geschieht, bei denen die Stockhöhe rechnungsmäßig auf ein Drittel des Stockdurchmessers, unmittelbar über dem Boden, ohne Wurzelanlauf gemessen, festgesetzt ist. Ferner wird die Grenze zwischen Derbholz und Reisig nicht selten und dann wohl regelmäßig nach oben verschoben, wodurch sich nicht nur geringere Derbholzmassen ergeben, sondern, insofern auf diese Verschiebung bei der Festgehaltsbestimmung nach erfahrungsmäßigen Mittelzahlen nicht genügend Rücksicht genommen wird, auch geringere Reisigmengen berechnen, da die im Reisig tatsächlich enthaltenen Holzmassen nicht vollständig in Anrechnung kommen. Auch die Holzabgänge bei der Aufarbeitung des Holzes (Feuerholz, Holz für die Waldarbeiter usw.) sind zu erwähnen, ebenso die bei mehreren deutschen Verwaltungen seit kurzem übliche Vernachlässigung der Rinde bei der Aufmessung der Stämme. Endlich sei noch daran erinnert, daß die Kubierung der letzteren aus Länge und Mittendurchmesser, namentlich wenn man bei diesem überschießende Bruchteile von Zentimetern (0,1 bis 0,9) vernachlässigt, zu niedrige Ergebnisse mit sich bringt[1]).

Werden diese und alle etwa sonst in Betracht kommenden Momente berücksichtigt, so müssen die zwischen den Angaben der Normalertragstafeln und den Massenanfällen des großen Betriebes bestehenden Unterschiede sich ausgleichen.

Leider aber sind diese Verhältnisse häufig nicht beachtet und haben dann wohl zu mehr oder weniger scharfen Angriffen gegen die Ertragsuntersuchungen der forstlichen Versuchsanstalten Veranlassung gegeben.

Relativ noch größere Unterschiede als bei den Hauptbestandsmassen treten häufig zwischen den normalen und den wirklich geernteten Vorertragsmassen in die Erscheinung. Dies kann nicht

---

Zentralanstalt für das forstliche Versuchswesen, VI. Bd. 1898, S. 127). F. berechnet den Fehlbetrag für die Schweizer Verhältnisse bei der Buche auf 12—15%;

3. von Guttenberg, Die Forstbetriebseinrichtung, 1903, S. 252. Der Verfasser beziffert den Gesamtverlust gegenüber den Ergebnissen der Ertragstafeln auf mindestens 5—8% und meint, daß derselbe bis zu 20% ansteigen könne.

[1]) Vergl. Eberhard, Die Inhaltsberechnung des Langnutzholzes in der Praxis. Mündener forstliche Hefte VI., S. 39.

auffallen, wenn man sich erinnert, daß Bestände mit unvollkommenem Schlusse vor allem bezüglich der Vorerträge hinter den Normalbeständen zurückbleiben und zwar nicht etwa nach dem zwischen der Normalmasse und der wirklichen Masse des Hauptbestandes bestehenden Verhältnis, sondern meist in weit höherem Maße.

Wenn beispielsweise ein durchforstungsreifer Normalbestand 50 fm Vorertrag liefert, so wird ein nur zu 0,9 geschlossener, im übrigen aber ersterem gleichender Bestand in der Regel nicht 50 . 0,9, sondern einen ungleich geringeren Vorertrag ergeben. Es ist ferner zu erwägen, daß in Waldungen, die dem Holzdiebstahl ausgesetzt sind, ein verhältnismäßig großer Teil gerade dieser Nutzungen dem Waldeigentümer zu entgehen pflegt.

Wimmenauer[1]) hat seine Normalertragstafel für die Buche für die Bedürfnisse seines Heimatlandes Hessen in der Weise umgerechnet, daß er, die Höhen- und Grundflächenzahlen unverändert beibehaltend, die Formzahlen bez. die Formhöhen und damit auch die Massen um 8 % ermäßigt hat.

Dieser Weg empfiehlt sich. Wenn ich gleichwohl davon abgesehen habe, eine besondere, unter Ermäßigung der Hauptbestandsmassen um etwa 10 % und der Nebenbestandsmassen um etwa 20 % berechnete Realertragstafel, die den hiesigen Verhältnissen ungefähr entsprechen dürfte, abdrucken zu lassen, so ist dies geschehen, weil die Tafel, wie wir gesehen haben, neben dieser prozentischen Ermäßigung der Ansätze bei abweichendem Durchforstungsbetriebe auch noch anderweiter Änderungen bedarf. Da letztere je nach den Umständen sehr wechseln, so konnte es sich hier nur um eine Andeutung der Art und Weise handeln, wie die Änderungen behufs Umrechnung der Tafel für bestimmte wirtschaftliche Verhältnisse vorzunehmen sind. Nur in der auf S. 130 mitgeteilten Übersicht der Hauptbestandsmassen als Funktionen der Bestandshöhen sind außer den ursprünglichen auch die um 10 % ermäßigten, sowie daneben die den Vollbestandsfaktoren 0,9 — 0,8 — 0,7 entsprechenden Massenzahlen aufgeführt.

Noch ein anderes Verfahren zur Nutzbarmachung unserer Ertragstafel für ein gegebenes Wirtschaftsgebiet mag hier Erwähnung finden.

---

[1]) A. a. O. S. 105 ff.

Darf man annehmen, daß der Höhenwachstumsgang in dem betr. Gebiete von dem der Ertragstafel nicht abweicht, so bleibt, da auch hinsichtlich der Bestandsformzahlen und der Bestandsformhöhen erheblichere Unterschiede kaum in Frage kommen dürften, behufs Anwendung der Ertragstafel auf die realen Bestände des betr. Wirtschaftsgebietes nur noch zu ermitteln

1. welche Grundflächensummen die Hauptbestände der verschiedenen Standortsklassen des Gebietes in den einzelnen Lebensaltern im Mittel aufweisen, ferner
2. ob und inwieweit der Gesamtflächenzuwachs der Bestände von dem in unserer Tafel nachgewiesenen abweicht.

Zur Ermittlung der Grundflächensummen ist die Kluppierung einer größeren Anzahl von Beständen oder nicht zu kleinen Bestandspartien verschiedenen Alters, welche die mittlere Bestockungsdichte aufweisen, auf allen vorkommenden Standortsklassen erforderlich, wonach sodann — unter Trennung der Bestände nach Standortsklassen auf Grund der Höhe — die Hauptbestands-Grundflächenkurven graphisch festgelegt werden.

Das Grundflächenzuwachsprozent der kluppierten Bestände ermittelt man in der auf S. 105 angegebenen Weise entweder mit Hülfe des Zuwachsbohrers oder genauer an Stammscheiben, die in Brusthöhe entnommen sind. Zu beachten ist, daß man mit dem Zuwachsbohrer, wie Bertog[1]) nachgewiesen hat, meist etwas zu hohe Werte erhält. Ferner ist der Zuwachsgang der Bestandsgrundfläche häufig nicht unerheblichen Schwankungen ausgesetzt. Wie man daher aus der Untersuchung einer kürzeren Zuwachsperiode von einzelnen Beständen nur mit Vorsicht auf das mittlere Zuwachsvermögen der betreffenden Altersklasse schließen darf, so empfiehlt es sich, die berechneten Bestandszuwachsprozente nach den Ansätzen der Ertragstafel zu prüfen und auszugleichen, auch über diese ohne triftige Gründe keinesfalls hinauszugehen.

Der Aufbau einer Realertragstafel auf Grund der durchgeführten Erhebungen und Ausgleichungen mag im folgenden an einem Beispiele veranschaulicht werden.

Wir setzen auch hier voraus, daß das Höhenwachstum in dem Wirtschaftsgebiete, für das die Ertragstafel aufgestellt werden soll, mit dem in unserer Normalertragstafel nachgewiesenen übereinstimmt.

---

[1]) Zeitschrift für Forst- und Jagdwesen 1899, S. 145 ff.

Die in dem Gebiete vorhandenen Bestände zweiter Ertragsklasse mögen denjenigen Verlauf der Grundflächensumme des bleibenden Bestandes zeigen, den die hierunter folgende Übersicht angibt. Als Gesamtflächenzuwachsprozente sollen die gleichfalls darin vermerkten Werte gefunden sein. Indem man nun für jedes Jahrzehnt unter Zugrundelegung der zu Anfang desselben vorhandenen Kreisfläche des Hauptbestandes mit Hülfe des Zuwachsprozentes zunächst den Gesamtflächenzuwachs berechnet und hierauf für den Schluß des Jahrzehnts unter Benutzung der aus den Bestandsaufnahmen bekannten Grundflächen des bleibenden Bestandes und der Formhöhen, von denen aus bekannten Gründen die des Hauptbestandes um 10%, die des Nebenbestandes um 15% ermäßigt sind, die Massen des bleibenden und des ausscheidenden Bestandes ermittelt, erhält man die in die Realertragstafel einzustellenden Massenzahlen.

Die Höhenzahlen werden der Normalertragstafel entnommen, während die Ermittlung der Stammzahlen und der mittleren Stammstärken sowie endlich die Zerlegung des Baumholzes in Derbholz und Reisig auf bekanntem Wege zu erfolgen hat. Die übrigen für eine Realertragstafel nützlichen Werte lassen sich dann unmittelbar aus den darin bereits enthaltenen Zahlen berechnen.

II. Standortsklasse. Alter	Bleibender Bestand			Gesamtflächenzuwachs		Ausscheidender Bestand		
	Stammgrundfläche	Formhöhe	Baummasse			Stammgrundfläche	Formhöhe	Baummasse
Jahre	qm		fm	% vorwärts	qm	qm		fm
30	13,5	5,6	**76**	4,2	5,67			
40	18,6	7,3	**136**	3,2	5,95	0,57	5,5	**3**
50	22,3	8,7	**194**	2,4	5,35	2,25	6,6	**15**
60	25,6	10,1	**259**	1,9	4,86	2,05	7,7	**16**
70	28,6	11,3	**323**	1,5	4,29	1,86	8,7	**16**
80	31,3	12,6	**394**	1,3	4,07	1,59	9,5	**15**
90	32,2	13,7	**441**	1,1	3,54	3,17	10,4	**33**
100	32,7	14,8	**484**	1,0	3,27	3,04	11,2	**34**
110	32,9	15,8	**520**	0,9	2,96	3,07	12,1	**37**
120	33,0	16,6	**548**	0,8	2,64	2,86	12,8	**37**
130	33,3	17,2	**573**	0,7	2,33	2,34	13,3	**31**
140	33,8	17,5	**592**			1,83	13,5	**25**
								262

Ein Blick auf die vorstehende Tafel, der zwar willkürlich angenommene, aber im großen Betriebe durchaus mögliche Werte zugrunde liegen, läßt erkennen, daß auf diesem Wege brauchbare, keineswegs zu hohe Zahlen zu gewinnen sind. Bei 140jährigem Umtriebe berechnet sich ein Haubarkeitsertrag von 592 fm = 81% desjenigen der Normalertragstafel, während die Vorerträge nur 56% der Normaltafel-Werte ergeben. Vorausgesetzt muß bei diesem Verfahren allerdings werden, daß man in der Lage ist, die nötigen Unterlagen in den vorhandenen Beständen zu ermitteln. —

Besondere Erwähnung verdienen noch die in der Ertragstafel angegebenen Zuwachsprozente für die Grundfläche und die Baummasse. Sie sind nach einfachen Zinsen berechnet und beziehen sich auf den Gesamtzuwachs, den der soeben durchforstete Bestand im folgenden Jahrzehnt leistet, sind also nach üblichem Sprachgebrauche „Zuwachsprozente nach vorwärts“.

Eine Vergleichung der Flächen- bez. Massenzuwachsprozente der drei höchsten Standortsklassen läßt erkennen, daß diese Zahlen für das gleiche Alter nur wenig voneinander abweichen. Es ist deshalb zulässig, neben den ursprünglichen Tafelwerten auch die Mittelwerte dieser Ertragsklassen, die in der Zuwachsprozent-Tafel auf Seite 131 zusammengestellt sind, für Zwecke der Praxis zu benutzen. In dieser Übersicht sind auch die Zuwachsprozente des Derbholzes, die in der Ertragstafel Aufnahme nicht gefunden haben, angegeben. Neben den Zuwachsprozenten sind darin ferner die nach der Formel

$$k = \frac{\text{Massenzuwachsprozent}}{\text{Flächenzuwachsprozent}} \cdot 400$$

berechneten Konstanten für die bekannte Schneidersche Zuwachsprozentformel vermerkt. Diese Formel gibt, wie in den Lehrbüchern der Holzmeßkunde nachgewiesen wird, in ihrer ursprünglichen Form $p = \frac{400}{n \cdot D}$ (worin D den rindenlosen Stammdurchmesser und n die Zahl der Jahrringe bezeichnet, die auf den äußersten Zentimeter entfallen) das Flächenzuwachsprozent für denjenigen Stammteil an, in dem die Untersuchung vorgenommen wird. Soll die Formel als Massenzuwachs-Formel angewandt werden, so müssen an Stelle der Konstante 400 andere Konstanten eingesetzt werden, deren Werte je nach dem gleichzeitig vorhandenen Form- und Höhenzuwachse verschieden sind. Mehrere Forscher haben sich auf Anregung Stötzers[1]) bemüht,

[1]) Zeitschrift f. Forst- u. Jagdwesen 1880, S. 457. Wegen der übrigen Literatur vergl. U. Müller, Lehrbuch der Holzmeßkunde, S. 367.

den gesetzmäßigen Verlauf dieser Konstanten durch Analyse von Einzelstämmen festzustellen, sind dabei indessen zu völlig befriedigenden Ergebnissen nicht gelangt. Dies ist auch begreiflich, denn die die Größe dieser Konstanten beeinflussenden Faktoren pflegen bei einzelnen Stämmen so bedeutenden Schwankungen zu unterliegen, daß es schwierig sein wird, auf diesem Wege zuverlässige Mittelzahlen zu erhalten.

Es ist deshalb hier der Versuch gemacht worden, solche aus dem Durchschnitte der ganzen Bestände zu berechnen, wobei sich ergeben hat, daß die so ermittelten Werte einen durchaus regelmäßigen Verlauf zeigen[1]). Da die Standortsgüte sowohl auf die Zuwachsprozente als auch auf diese Konstanten nur wenig einwirkt, so erschien es zulässig, auch hier Mittelwerte für die drei ersten Ertragsklassen zu berechnen. Wie sich aus Seite 131 ersehen läßt, ist die Konstante für das Baumholz im 30. Jahre am höchsten (750), sinkt dann bis zum 50. Jahre auf 620, was offenbar mit dem raschen Fallen der Bestandsformzahl während dieses Zeitraumes im Zusammenhange steht, und steigt bis zum 70.—80. Jahre wieder ein wenig, um vom 80. Jahre an ziemlich rasch zu fallen. Einen etwas abweichenden Verlauf weist die Konstante für das Derbholz auf, die vom 40. bis 80. Jahre von 850 auf 640 fällt, während der nächsten 20 Jahre sich auf gleicher Höhe hält und dann wieder sinkt. Will man die angegebenen Werte der Konstanten bei Zuwachsuntersuchungen mittels des Preßlerschen Zuwachsbohrers benutzen, so sei daran erinnert, daß man das mittlere Zuwachsprozent aus den Einzeluntersuchungen am richtigsten mit Hülfe der von Borggreve[2]) angegebenen Formel

$$p = 100 \times \frac{\text{Summe aller } \frac{4}{n} D}{\text{Summe aller } D^2}$$

erhält, allerdings ist dieses p ebenfalls wie bei Schneider nicht das Massen-, sondern das Flächen-Zuwachsprozent.

Um ersteres zu erhalten, ist statt 4 ein Hundertstel der aus der Tafel auf Seite 131 zu entnehmenden Konstanten, also $\frac{k}{100}$

---

[1]) Vergl. Wimmenauer, Ertragsuntersuchungen im Buchenhochwald. Allgem. Forst- und Jagdzeitung 1885, S. 109 ff.

[2]) Vergl. dessen Forstabschätzung, 1888, S. 42, ferner Schwappach, Leitfaden der Holzmeßkunde. 2. Aufl. Berlin 1903, S. 158 und Henne, Hülfstafeln für forstliche Zuwachsuntersuchungen, Chur 1901.

in diese Formel einzusetzen. Für genauere Untersuchungen empfiehlt es sich, die Borggrevesche Formel zur Berechnung der mittleren Zuwachsprozente der einzelnen Stammklassen zu benutzen und aus diesen Prozenten unter Berücksichtigung der Grundflächen- oder Massengewichte der Stammklassen das mittlere Zuwachsprozent des Bestandes abzuleiten.

Es sei noch bemerkt, daß bei Anwendung der in der Tafel angegebenen Zuwachsprozente im Hinblick auf die in der Wirtschaft vorkommenden Verluste Vorsicht geboten erscheint und daß deshalb gewisse, nach den jeweiligen Verhältnissen zu bemessende Abzüge meist am Platze sein werden. In den Lehrbüchern wird zwar darauf hingewiesen, daß nicht voll bestockte Bestände gegenüber dem Ansatze der Normal-Ertragstafel ein höheres Zuwachsprozent aufzuweisen hätten. Dies ist allerdings nicht zu bezweifeln für diejenigen nicht vollen Bestände, deren Stämme gleichmäßig über die Fläche verteilt stehen. Wenn jedoch der Mangel an normaler Bestockung — wie es häufig vorkommt, ja in vielen Wirtschaften fast die Regel bildet — darauf zurückzuführen ist, daß dichtere Bestandspartien mit weniger gut geschlossenen wechseln, auf denen die vorhandenen, meist abnorm gebildeten Stämme den gegebenen Wachsraum nicht voll auszunutzen vermögen, so wird man keineswegs ohne weiteres ein höheres Zuwachsprozent voraussetzen können; hier wird vielmehr die übliche Methode, das in der Tafel angegebene Prozent mit Rücksicht auf die zu erwartenden Abgänge zu ermäßigen, ihre volle Berechtigung haben.

Der Ertragstafel ist auf S. 130 eine Tafel beigegeben, die für die ersten drei Standortsklassen die Bestandsmassen, sowie die zugehörigen Bestandsformhöhen und Bestandsgrundflächen als Funktionen der Bestandshöhe nachweist. Sie stützt sich auf den Umstand, daß in diesen Standortsklassen bei normalen Beständen von gleicher Höhe der geringeren Klasse im Mittel die größere Masse eigen ist, im ganzen aber hinsichtlich der Massenbeträge solcher Bestände sich nur unerhebliche Unterschiede zeigen [1]). Im äußersten Falle weichen bei einer arithmetisch-mittleren Bestandshöhe von 24 m die Massen der 1. und 3. Klasse von der ungefähr das Mittel darstellenden Masse der 2. Klasse um den Betrag von 25 bez. 20 fm nach unten bez. nach oben ab. Man hat nun unter Außeracht-

[1]) Vergl. Lorey, Ertragstafeln für die Weißtanne. Frankfurt a. M. 1884. S. 94.
Eichhorn, Ertragstafeln für die Weißtanne. Berlin 1902. S. 59.

lassung des Alters die Bestandsmassen der drei ersten Standortsklassen, nach den Höhen geordnet, graphisch aufgetragen und aus den Massenzahlen für die einzelnen Höhenmeter den Durchschnittswert ermittelt, dazu sodann nach der Formzahltafel die zugehörige Bestandsformhöhe und endlich aus $\frac{\text{Masse}}{\text{Formhöhe}}$ die Grundfläche berechnet.

Um die Tafel den Bedürfnissen der Wirtschaft anzupassen, sind außerdem die Formhöhen und damit zugleich die Bestandsmassen um 10% ermäßigt, wie dann ferner diesen Zahlen noch die Massen für die Vollbestandsfaktoren 0,9—0,8—0,7 zur Seite gesetzt sind.

Wie man ohne weiteres ersieht, ist diese Tafel zweckmäßig verwendbar, wenn es sich darum handelt, bei Beständen, von denen nur die Höhe, nicht aber auch das Alter bekannt ist, die Holzmasse annähernd einzuschätzen.

Zur bildlichen Darstellung der Normalertragstafel dienen die beiden lithographierten Tafeln, auf welchen nach Eberhards[1]) Verfahren Höhenertragskurven dargestellt sind. Aus diesen Kurven läßt sich für jedes Bestandsalter sowohl die arithmetisch-mittlere Höhe als auch die Hauptbestandsmasse jeder Standortsklasse ersehen. Ist also das Alter und die Höhe eines Bestandes bekannt, so kann man in den Tafeln die zugehörige Standortsklasse und die normale Hauptbestandsmasse finden.

2. Formzahltafeln.

Um die Formzahltafeln (S. 132ff.) auf ihre Verwendbarkeit zu Bestandsmassen-Ermittlungen zu prüfen, sind mit deren Hülfe die Bestandsmassen derjenigen 25 Ertragsprobeflächen berechnet, die in Horn-Grundners Formzahlen und Massentafeln für die Buche, Berlin 1898, zur Prüfung der Einzelformzahlen benutzt sind. Die Übersicht auf den Seiten 108 und 109 gibt für diese Probeflächen neben einer kurzen Bestandsbeschreibung die nach dem Probestamm-Verfahren sowie die auf Grund einerseits der deutschen Einzelformzahlen und anderseits der Bestandsformzahlen sich berechnenden Derbholz- und Baumholzmassen an.

Für die Gesamtheit der Bestände stimmen die mit den beiden Formzahl-Methoden erzielten Ergebnisse mit denen des Probestamm-Verfahrens sehr gut überein. Im einzelnen weist dagegen die Methode der Bestandsformzahlen etwas größere Schwankungen auf als die der Einzelformzahlen.

[1]) Eberhard, Tafeln zur Bonitierung und Ertragsbestimmung nach Mittelhöhen. Tübingen 1902.

Vergleichung der aus Bestandsformzahlen berechneten Holzmassen
Urichs Verfahren sowie mit Hilfe von Horn-

Forstamts-Bezirk	Nr. der Probefläche	Bestandsalter	Standortsklasse	Massenhöhe	Mittl. Durchmesser	Bestands- Derbholz- Formzahl nach der Tafel	Bestands- Baum- Formzahl nach der Tafel	Derbholzmasse auf 1 ha nach dem Urichschen Verfahren berechnet	Derbholzmasse auf 1 ha mittels der Bestandsformzahl berechnet
		Jahre		m	cm	0,	0,	fm	fm
Lichtenberg . .	60	123	II	33,5	41,0	516	577	666,1	653,2
"	62	127	II	32,9	42,7	518	580	635,1	638,9
Gandersheim .	34	119	II	31,9	36,0	506	571	541,0	546,7
"	32	102	II	29,8	33,6	500	568	582,1	591,7
Seesen II . .	2	100	I	31,5	37,3	509	575	470,1	477,8
Vorwohle . . .	88	79	I	27,6	25,5	483	553	517,7	525,5
Seesen II . .	3	63	I	24,1	20,1	470	545	334,2	322,8
Lutter a. Bbg.	25	57	I	23,3	19,7	469	547	349,8	355,3
Gandersheim .	126	47	I	19,0	14,9	454	560	219,2	218,2
Lichtenberg . .	72	40	I	15,7	11,3	422	581	132,2	134,6
Königslutter .	54	120	III	29,4	36,8	507	578	539,3	559,1
Lichtenberg . .	61	113	II	29,2	35,0	503	575	512,7	521,1
Seesen II . .	11	85	II	24,7	27,0	485	566	436,1	437,3
"	12	68	II	20,3	19,8	468	560	336,1	325,5
Blankenburg .	139	54	III	15,7	14,6	451	585	202,4	197,7
Seesen II . .	9	53	II	17,2	13,6	445	570	175,3	181,2
Königslutter .	57	42	III	12,8	9,7	390	613	120,9	123,9
"	55	103	III	24,9	29,7	491	572	408,4	412,6
Seesen II . .	13	77	III	20,5	20,7	470	561	348,1	344,5
Seesen I . . .	22	69	III	20,7	18,6	466	556	279,4	273,9
Stiege	148	62	III	17,1	18,0	463	578	247,4	226,4
"	146	54	III	14,2	11,9	431	599	181,0	175,5
Königslutter .	56	42	III	12,7	10,8	414	615	124,2	127,4
Hasselfelde I .	153	102	IV	23,1	23,8	478	561	408,6	392,9
Wolfenbüttel .	73	91	III	23,4	24,9	480	564	373,0	364,5
								9140,4	9128,2

von 25 braunschweigischen Ertragsprobeflächen mit den nach Grundners Massentafeln ermittelten Massen.

Baumholzmasse auf 1 ha		Die Derbholzmasse			Die Baumholzmasse	
		berechnet				
nach dem Urichschen Verfahren berechnet	mittels der Bestandsformzahl berechnet	nach Massentafel III	nach Massentafel II	mittels der Bestandsformzahl	nach Massentafel I	mittels der Bestandsformzahl
		weicht ab von dem Ergebnis des Urichschen Verfahrens				
fm		in Prozenten				
732,1	730,5	− 1,5	− 1,5	− 1,9	− 0,2	− 0,2
696,1	715,4	+ 0,4	+ 0,3	+ 0,6	+ 2,4	+ 2,8
612,5	616,9	+ 1,7	+ 1,0	+ 1,1	± 0	+ 0,7
683,4	672,1	+ 2,2	+ 1,0	+ 1,6	**− 2,7**	− 1,7
526,7	539,8	− 0,7	+ 3,8	+ 1,6	+ 3,7	+ 2,5
595,4	601,7	+ 0,7	+ 3,5	+ 1,5	+ 1,6	+ 1,1
391,8	374,3	− 2,4	− 0,1	− 3,4	− 2,4	− 4,5
415,4	414,3	+ 3,1	**+ 5,2**	+ 1,6	+ 2,3	− 0,3
272,4	269,2	+ 0,8	+ 2,6	− 0,5	+ 0,6	− 1,2
183,2	185,3	+ 1,9	+ 2,8	+ 1,8	+ 2,7	+ 1,1
624,8	637;4	+ 1,6	+ 1,0	**+ 3,7**	− 1,3	+ 2,0
574,4	595,7	+ 1,8	+ 0,4	+ 1,6	+ 3,2	+ 3,7
515,5	510,3	− 0,2	+ 2,4	+ 0,3	+ 0,3	− 1,0
397,0	389,5	− 2,5	− 1,7	− 3,2	− 0,3	− 1,9
251,8	256,4	− 1,2	− 0,4	− 2,3	**+ 4,3**	+ 1,8
229,3	232,2	**+ 3,4**	+ 5,1	+ 3,4	+ 1,8	+ 1,3
186,6	194,7	− 2,9	− 3,4	+ 2,5	+ 3,2	**+ 4,3**
481,2	480,7	− 3,4	− 0,5	+ 1,0	− 2,3	− 0,1
405,3	411,3	− 0,5	+ 1,0	− 1,0	+ 3,0	+ 1,5
343,4	326,7	+ 1,2	+ 1,3	− 2,0	− 2,4	− 4,9
304,0	282,6	**− 3,8**	− 3,3	**− 8,5**	− 2,2	**− 7,0**
240,6	243,9	− 3,2	− 2,7	− 3,0	+ 2,7	+ 1,4
188,2	189,2	+ 3,1	+ 3,1	+ 2,6	+ 3,0	+ 0,5
470,4	461,1	− 1,8	**− 3,9**	− 3,8	− 1,9	− 2,0
456,0	428,3	+ 0,6	+ 2,7	− 2,3	− 2,6	− 6,1
10 777,5	10 759,5	+ **0,1**	+ **0,8**	− **0,1**	+ **0,4**	− **0,2**

Hieraus folgt, daß Massenermittlungen mit Hülfe von Bestandsformzahlen für einzelne Bestandsaufnahmen, bei denen es auf große Genauigkeit ankommt, nicht zu empfehlen sind. Wohl aber hat dieses Verfahren seine volle Berechtigung, wenn mehrere Bestände gleichzeitig aufzunehmen sind und es sich mehr darum handelt, deren Gesamtmasse, als die Massen der einzelnen Bestände mit tunlicher Sicherheit zu finden. Denn in solchen Fällen wird, wie wir sehen, darauf gerechnet werden können, daß die Einzelfehler sich gegeneinander ausgleichen.

Beispielsweise ist die Methode ganz am Platze, wo bei der Forsteinrichtung, wie in vielen Verwaltungen üblich, die Massen der der ersten Wirtschaftsperiode zugewiesenen Bestände durch genauere Aufnahmen ermittelt werden sollen. Hier wird man unbedenklich an Stelle von Massentafeln die hinsichtlich der Berechnungsarbeit weit bequemeren Bestandsformzahlen verwenden können. Dabei ist zu beachten, daß letzteren die sog. Bestandsmassenhöhe zugrunde gelegt ist, die, wie oben bemerkt wurde, die arithmetisch-mittlere Bestandshöhe im Mittel um 45 cm, also um rund 0,5 m, übertrifft.

Auf welche Weise man die Massenhöhe direkt ermitteln kann, wird S. 112 dargelegt werden.

Zu erörtern ist noch die Frage, ob unsere Bestandsformzahlen lediglich eine örtliche Bedeutung haben oder ob sie füglich auch in anderen Buchengebieten angewandt werden dürfen, ohne daß man größere Fehler zu befürchten hätte. Wie S. 84 nachgewiesen ist, befinden sich die Bestandsformzahlen in bester Übereinstimmung mit den deutschen Einzelformzahlen, und wie diese sich durchaus brauchbar für die hiesigen Bestandsverhältnisse erwiesen haben, so wird man auch beim Gebrauche der hiesigen Bestandsformzahlen außerhalb des Ermittlungsgebietes auf die gleichen günstigen Ergebnisse rechnen können. Ich glaube somit unseren Bestandsformzahlen eine allgemeine Bedeutung für Bestandsmassenaufnahmen beilegen zu dürfen.

Schließlich sei im Hinblick auf die Bedürfnisse der Praxis darauf aufmerksam gemacht, daß man sich in allen Fällen, wo eine Tafel der Bestandsformzahlen nicht gleich zur Hand ist, für rasch zu erledigende Massenberechnungen haubarer Bestände, von welchen die Grundfläche und die Mittelhöhe ermittelt sind, ohne größere Fehler befürchten zu müssen, der Derbholzformzahl 0,50 und der Baumformzahl 0,57 bedienen kann.

IV. Die Zergliederung der Bestände nach Stärkeklassen.

Es erschien angemessen, die Beziehungen der fünf stammzahlgleichen Stärkeklassen zu einander und zu dem Bestande in Ansehung der massenbildenden Faktoren — der Höhen, der Baumformzahlen, der Formhöhen, der Grundflächenanteile und der mittleren Stammstärken — sowie der Masse selbst näher zu untersuchen, nachdem sich bei früheren Forschungen, die insbesondere von Weise und Wimmenauer angestellt sind[1]), ergeben hatte, daß auf diesem Gebiete Gesetzmäßigkeiten obwalten, die sich für die Zwecke der Theorie und der Praxis nutzbar machen lassen.

Zu den Untersuchungen, deren Ergebnisse nachstehend mitgeteilt werden, sind die Massenaufnahmen sowie 365 der uns vorliegenden Grundflächenermittlungen benutzt worden. Bei der Reichhaltigkeit der Unterlagen war somit auf sichere Durchschnittswerte zu rechnen. Die Bearbeitung ist vorerst nach Standortsklassen und innerhalb dieser nach fünfmetrigen Höhenstufen erfolgt, sodann aber, da innerhalb der letzteren greifbare Verschiedenheiten nach den Ertragsklassen nicht bemerkbar wurden, auf die Einteilung nach Höhenstufen beschränkt. Es ergab sich zunächst hinsichtlich

1. der Höhe, daß die prozentischen Schwankungen der mittleren Klassenhöhen unter einander und im Verhältnis zur mittleren Bestands- (Massen-) Höhe mit Zunahme der letzteren abnehmen. Die nachstehende Übersicht läßt dies deutlich erkennen.

---

[1]) Während der Bearbeitung erschien die Abhandlung von Schiffel über die gesetzmäßigen Beziehungen der Massenfaktoren in normalen Fichtenbeständen (Zentralblatt f. d. ges. Forstwesen 1903, S. 189—207), in der auf die vom Prof. Fekete in Schemnitz ausgeführten Untersuchungen Bezug genommen wird.

Bei einer Bestandshöhe von	betragen die Klassenhöhen in Prozenten der mittl. Bestandsmassenhöhe				
m	I	II	III	IV	V
10—14,9 . .	106,0	100,3	97,7	91,5	85,4
15—19,9 . .	105,0	100,8	98,3	93,4	88,4
20—24,9 . .	103,9	101,0	98,6	95,4	91,6
25 und darüber	103,1	100,3	98,7	96,5	93,4
Durchschnitt . .	104,5	100,6	98,3	94,2	89,7

Eine in praktischer Beziehung wichtige Frage ist die, in welcher Stärkeklasse die mittlere Massenhöhe liegt. Aus der Übersicht ergibt sich, daß die Stämme der II. Stärkeklasse annähernd die mittlere Bestandshöhe haben, namentlich ist dies der Fall bei den Beständen bis zu 15 m aufwärts sowie bei den 25 m und darüber hohen Beständen, während bei den 15 bis 25 m hohen Beständen die Höhe der II. Stärkeklasse um etwa 1 % größer ist als die Mittelhöhe.

Hieraus folgt für Holzmassenaufnahmen, namentlich für solche, bei denen die von mir mitgeteilten Bestandsformzahlen verwandt werden sollen, daß man die mittlere Massenhöhe eines Bestandes auf einfachste Weise erhält, wenn man die Höhe einer hinreichenden Anzahl von Stämmen der II. Stärkeklasse ermittelt und aus den erhaltenen Zahlen das Mittel berechnet. Bei Beständen von 15 bis 25 m Höhe mag man letzteres um ein Prozent ermäßigen.

2. Hinsichtlich der Baumformzahl zeigt die nachfolgende Übersicht, daß im allgemeinen den stärkeren Stämmen eines Bestandes die höheren und den schwächeren Stämmen die niedrigeren Formzahlen zukommen. Abweichend von dieser Regel steigen in der niedrigsten Höhenstufe die Formzahlen der beiden geringsten Stärkeklassen gegenüber denen der mittleren Klasse wieder an. Daß es sich hierbei um eine regelmäßige Erscheinung handelt, ist kaum zu bezweifeln, wenn man den Verlauf der Einzelformzahlen bei Horn-Grundner zu Rate zieht. Es zeigt sich nämlich in den hier in Betracht kommenden geringeren Höhen- und Stärkestufen eine so bedeutende Zunahme der Formzahl mit fallender Höhe und Stärke, daß sich hieraus bei schwächeren Beständen das Ansteigen der Formzahl in den geringsten Stärkeklassen völlig erklärt. Dagegen wird man das der allgemeinen Regel zuwiderlaufende Verhalten der Formzahlen in der III. und IV. Klasse der Höhenstufe

15—19,9 m wahrscheinlich auf Zufälligkeiten zurückführen dürfen. Die nachstehenden Zahlen lassen ferner erkennen, daß *die Stämme der zweiten Stärkeklasse nahezu die Bestandsformzahl aufweisen.*

Bestandshöhe	Klassenformzahlen in Prozenten der Bestandsformzahl				
m	I	II	III	IV	V
10—14,9 . .	101,2	100,0	99,3	99,8	101,3
15—19,9 . .	103,1	101,7	97,2	99,0	97,3
20—24,9 . .	102,4	100,0	100,8	98,2	97,0
25 und darüber	102,3	100,7	100,4	98,1	97,0
Durchschnitt .	102,2	100,6	99,4	98,8	98,1

Wichtiger noch als das Verhalten der Bestandsformzahl ist für die Praxis der Holzmeßkunde dasjenige

3. *der Formhöhe.* Hier findet sich das Bestandsmittel nur bei den unter 15 m hohen Beständen in der Mitte der II. Klasse, während es mit zunehmender Bestandshöhe allmählich nach der III. Stärkeklasse hin zurückgeht und sich bei den 25 m und darüber hohen Beständen etwa auf der Grenze zwischen der II. und III. Klasse befindet. Im Durchschnitt wird man die mittlere Formhöhe bei 36,9% der Stammzahl, von den stärksten Stämmen an abgezählt, zu suchen haben.

Bestandshöhe	Klassenformhöhen in Prozenten der Bestandsformhöhe					
m	I	II		III	IV	V
10—14,9 . .	107,3	100,3	31,8[1])	97,0	91,3	86,5
15—19,9 . .	108,3	102,5	37,1	95,5	92,5	85,8
20—24,9 . .	106,4	101,0	42,5	99,4	93,8	88,9
25 und darüber	105,5	101,0	40,5	99,1	94,7	90,6
Durchschnitt . .	106,8	101,2	36,9	97,7	93,1	87,9

Der Formhöhen-Mittelstamm ist bekanntlich derjenige, mittels dessen die Bestandsmasse nach der Formel $V = \frac{G}{g} \cdot v$ berechnet werden kann, wenn die Grundflächensumme gegeben ist. Will man dieses Verfahren anwenden, so ist der Soll-Durchmesser des Formhöhen-Mittelstammes nach Auskluppierung des Bestandes durch Abzählung der Stämme von oben nach den vorstehend angegebenen Prozenten leicht zu finden.

[1]) Diese Zahlen geben die Lage des Formhöhen- bez. des Grundflächen-Mittelstammes nach Prozenten der Stammzahl an, wenn man diese von den stärksten Stämmen an abzählt.

4. Die Grundfläche.

Bestandshöhe m	Grundflächenanteil der Klassen in Prozenten der Bestandsgrundfläche I	II		III	IV	V
10—14,9 . .	38,6	23,5	39,8[1])	17,2	12,5	8,2
15—19,9 . .	36,4	23,2	40,0	17,7	13,5	9,2
20—24,9 . .	34,6	23,2	41,0	18,1	14,1	10,0
25 und darüber	33,5	23,1	41,8	18,3	14,6	10,5
Durchschnitt .	35,8	23,2	40,3	17,8	13,7	9,5

Wie man aus der Übersicht ersieht, verlaufen die Grundflächenanteile der Stärkeklassen sehr regelmäßig, namentlich erweist sich die II. Klasse, ähnlich wie bei den übrigen Faktoren, als sehr beständig, während der Anteil der I. Klasse mit zunehmender Höhe sich vermindert, der der schwächeren Klassen aber gleichzeitig wächst.

Über die Lage des Grundflächen-Mittelstammes sind bekanntlich zuerst von Weise Untersuchungen angestellt worden. Aus vorstehendem ergibt sich, daß dieser Stamm in der niedrigsten Höhenstufe bei 39,8 % der Stammzahl von oben gerechnet liegt und von da mit Zunahme der Höhe sich allmählich auf 41,8 % verschiebt; im Durchschnitt ist er bei 40,3 % anzutreffen.

Auch die vor kurzem eingehend erörterte Frage, ob der Grundflächen- und der Formhöhen-Mittelstamm zusammenfallen, findet in den angegebenen Zahlen für die Buche ihre Erledigung. Nach den gegebenen Übersichten liegt

bei einer Bestandshöhe von m	der Grundflächen- Mittelstamm bei	Formhöhen- Mittelstamm bei	
10—14,9 . . .	39,8 %	31,8 %	der Stammzahl, von oben an abgezählt.
15—19,9 . . .	40,0 „	37,1 „	
20—24,9 . . .	41,0 „	42,5 „	
25 und darüber .	41,8 „	40,5 „	
Durchschnitt . .	40,3 „	36,9 „	

Die beiden Mittelstämme liegen hiernach in Beständen von geringerer Höhe ziemlich weit auseinander und nähern sich dann mit zunehmender Höhe, so daß sie in Beständen von 20 m Höhe und darüber einander sehr nahe kommen.

Im allgemeinen wird man jedenfalls nach diesen Ergebnissen bei Bestandsmassenaufnahmen mit Hülfe des Grundflächen-Mittel-

---

[1]) Siehe Note 1 S. 113.

stammes in jüngeren bez. niedrigeren Beständen — da hier der Mittelstamm mit seiner Formhöhe hinter der Bestandsformhöhe zurückbleibt — auf zu geringe Massen zu rechnen haben, während dieses Aufnahmeverfahren in Beständen von mehr als 15 m Höhe voraussichtlich ganz zuverlässig sich erweisen wird, allerdings wohl nur dann, wenn mehrere Mittelstämme als Probestämme untersucht werden.

5. Die Stammstärken. Aus dem Verhältnis der Grundflächen der Stärkeklassen zur Kreisfläche des Grundflächen-Mittelstammes findet man ohne weiteres das Verhältnis der Durchmesser der Klassenmittelstämme zu dem des Bestandsmittelstammes, da sich die Durchmesser zu einander verhalten wie die Quadratwurzeln der Verhältniszahlen der Grundflächen.

Wenn beispielsweise für die Höhenstufe von 10—14,9 m die Verhältniszahlen der Grundflächen folgende sind

I	II	III	IV	V	Bestands-Mittelstamm
		Klasse			
38,6 :	23,5 :	17,2 :	12,5 :	8,2 :	20

so ergeben sich die folgenden Verhältniszahlen der Durchmesser

6,21 : 4,85 : 4,15 : 3,54 : 2,86 : 4,47

oder, wenn man den Durchmesser des Mittelstammes = 100 einsetzt,

139 : 108 : 93 : 79 : 64 : 100.

Wird die Rechnung in gleicher Weise für alle Höhenstufen durchgeführt, so erhält man

bei einer Bestandshöhe von	nachstehende Verhältniszahlen der mittleren Klassen-Durchmesser in % des Bestands-Grundflächenmittelstammes				
m	I	II	III	IV	V
10—14,9 . . .	139	108	93	79	64
15—19,9 . . .	135	108	94	82	68
20—24,9 . . .	132	108	95	84	71
25 und darüber .	129	107	96	85	72
Durchschnitt . .	134	108	94	83	69.

Diese Verhältniszahlen sind u. a. bei Bestandsaufnahmen nach der Methode der Versuchsanstalten dann vorteilhaft zu verwenden, wenn man nach ausgeführter Kluppierung eines Bestandes die Grundflächensumme sowie den Durchmesser des Bestands-Mittelstammes berechnet hat, dagegen die etwas umständliche direkte Ermittlung der Durchmesser der Klassenmittelstämme aus dem Kluppierungsergebnis umgehen möchte.

Auch erhält man an der Hand der Übersicht bei Beständen, deren Mitteldurchmesser nach der Ertragstafel eingeschätzt oder sonstwie bestimmt ist, einen für manche praktische Zwecke erwünschten Einblick in deren Stärkeklassenverhältnisse.

6. Die Baumholzmassen der Stärkeklassen in Prozenten der Bestands-Baumholzmasse endlich sind folgende:

Bestandshöhe m	I	II	III	IV	V
10—14,9 . .	41,4	23,5	16,6	11,4	7,1
15—19,9 . .	39,3	23,7	16,8	12,4	7,8
20—24,9 . .	36,8	23,4	17,9	13,1	8,8
25 und darüber	35,3	23,3	18,1	13,8	9,5
Durchschnitt . .	38,2	23,4	17,3	12,7	8,4

Mit Hülfe dieser Zahlen, die man nach den vorliegenden Aufnahme-Ergebnissen unschwer weiter zerlegen könnte, lassen sich mancherlei Aufschlüsse über die Massenzusammensetzung der Bestände gewinnen. Wenn man freilich damit nach dem Verhältnis der Stammzahlen eines Durchforstungsergebnisses zu dem des vorher vorhanden gewesenen Gesamtbestandes den Mindestbetrag der Durchforstungsmasse hat bestimmen wollen, so ist darauf aufmerksam zu machen, daß der Nebenbestand mit seiner mittleren Höhe und sonach auch mit seiner Formhöhe doch nicht unerheblich hinter der Höhe und Formhöhe der V. Stärkeklasse des bleibenden Bestandes zurücksteht. Um dies übersehen zu können, vergleiche man die Zahlenreihen auf den Seiten 79 und 112 miteinander. Im Grunde ist ja auch nicht auffällig, daß die vorstehenden Zahlen der Bestandszergliederung sich nicht ohne weiteres zu einem solchen Zwecke verwenden lassen, da sie von Beständen abgeleitet sind, denen die Durchforstungsmassen zuvor entnommen wurden.

V. Die weitere Behandlung und Aufnahme der Probebestände.

Es erübrigt noch kurz darzulegen, in welcher Weise die zu ständiger Beobachtung und periodischer Wiederaufnahme bestimmten Ertrags-Probebestände weiterhin behandelt und für wissenschaftliche wie praktische Zwecke nutzbar gemacht werden sollen.

Die Durchforstung der Bestände wird fortan nach den Vorschriften der neuen Anleitung zur Ausführung von Durchforstungs- und Lichtungsversuchen[1]) in der Regel und soweit nicht aus besonderen Rücksichten Abweichungen für zweckentsprechend erachtet werden, so auszuführen sein, daß die Bestände bis zum 70. bis 80. Jahre mäßig (nach dem B-Grade der Niederdurchforstung) und weiterhin je nach den besonders zu erlassenden Vorschriften entweder nach dem C-Grade der Nieder- oder nach dem starken Grade der Hochdurchforstung behandelt werden. Nur bei den den geringsten Standorten (IV. und V. Klasse) angehörenden Beständen wird über die mäßige Durchforstung auch in höherem Alter nicht hinausgegangen werden dürfen.

Was sodann die Wiederaufnahme der Bestände anlangt, so wird diese wie seither in der Regel von fünf zu fünf Jahren zu erfolgen haben und in den meisten Fällen auf eine Kluppierung des gesamten Bestandes sowie auf eine Massenermittlung des auszuforstenden Bestandes zu beschränken sein. Einer öfteren Wiederholung der Massenaufnahme des bleibenden Bestandes wird es nicht bedürfen. Trotzdem werden die so durchgeführten Aufnahmen völlig genügen, um an der Hand des sich von Jahr zu Jahr mehrenden Beobachtungsstoffes den in der Ertragstafel zahlenmäßig nach-

[1]) Beschlossen vom Vereine Deutscher forstlicher Versuchsanstalten am 12. September 1902.

gewiesenen Verlauf der Stammzahl-, Grundflächen- und Massen-Kurven des Hauptbestandes, ferner des Gesamtflächenzuwachses und der Durchforstungsanfälle, wie solcher sich aus dem veränderten Durchforstungsbetriebe ergibt, nach dem oben geschilderten Verfahren weiterhin zu prüfen und, soweit sich hierbei Abweichungen von den jetzigen Tafelansätzen bemerkbar machen, die Ertragstafel jederzeit entsprechend abzuändern.

Die natürliche Verjüngung der Probebestände wird in den meisten Fällen gleichzeitig mit derjenigen der sie umgebenden Bestände durchzuführen sein. Vor Inangriffnahme der Verjüngung wird dann allerdings eine nochmalige Bestandsmassenaufnahme mit gleichzeitiger Ausführung von Stärke- und Höhen-Analysen sich nützlich erweisen und um so zuverlässiger durchzuführen sein, als bei der ersten Schlagstellung die zu fällenden Probestämme füglich der Fläche selbst sich entnehmen lassen. Auf diesem Wege wird sich namentlich auch weiteres schätzbares Material über die Höhenentwicklung der Bestände gewinnen lassen, was um so erwünschter ist, als die Höhenwachstumsgesetze der drei ersten Standortsklassen über das 120. Jahr hinaus, sowie der beiden letzten Klassen während der ganzen Lebensdauer der Bestände keineswegs schon hinreichend genau erforscht sind.

Angesichts des Mangels an umfangreicheren Untersuchungen über den Lichtungszuwachs der Buche wird sodann der Zuwachsgang der einzelnen Stämme, und zwar nicht nur inbezug auf den vermehrten Stärkezuwachs, sondern auch hinsichtlich der gleichzeitig etwa erfolgenden Formveränderungen während des Verlaufs der Verjüngung genau zu verfolgen sein, zu welchem Zwecke neben regelmäßigen Neukluppierungen auch Stärkeanalysen, Erhebungen von Formquotienten usw. vorzunehmen sein werden, um so den Einfluß der vermehrten Lichteinwirkung auf den Zuwachs in allen Stadien der Verjüngung nachweisen zu können.

Auf dem angedeuteten Wege werden wir dann hoffentlich nach und nach zu immer größerer Klarheit nicht nur über die einzelnen Bestandsfaktoren und den mittleren Wachstumsgang des Buchenhochwaldes, sondern auch darüber gelangen, wo und wie besondere Standortseinflüsse Abweichungen von jenem Entwicklungsverlaufe herbeiführen.

Zahlen-Übersichten.

1. Normalertragstafel

I. Standorts-

Alter	Bleibender Bestand												
	Mittelhöhe	Massenhöhe	Stammzahl	Mittlerer Durchmesser	Stammgrundfläche	Baumformzahl	Formhöhe für die Baumholzmasse	Derbholz-masse	Reisholz-masse	Baumholz-masse	Jährliche Zunahme an Baumholzmasse laufende	Jährliche Zunahme an Baumholzmasse durchschnittliche	Anteil des Reisigs an der Baumholzmasse in Prozenten
Jahre	m	m		cm	qm	0,		fm	fm	fm	fm	fm	
1	2	3	4	5	6	7	8	9	10	11	12	13	14
30	**10,6** 9,9[1]	11,1 10,3[1]	4249	7,5	18,8	626	6,9	53 35[1]	77	**130** 121[1]		4,3	59
35	*12,8*	*13,2*						*107*		*175*	**9,0**		
40	**14,9** 13,9	15,4 14,4	2028	12,4	24,5	585	9,0	161 143	59	**220** 206		5,5	27
45	*17,0*	*17,5*						*209*		*265*	**9,0**		
50	**18,9** 17,7	19,4 18,2	1273	16,9	28,6	561	10,9	254 233	56	**310** 291		6,2	18
55	*20,7*	*21,1*						*297*		*353*	8,5		
60	**22,3** 20,9	22,7 21,4	900	21,1	31,5	553	12,6	336 313	59	**395** 370		6,6	15
65	*23,8*	*24,2*						*377*		*438*	8,3		
70	**25,2** 23,7	25,6 24,1	683	25,0	33,5	557	14,3	411 384	67	**478** 448		6,8	14
75	*26,5*	*26,9*						*448*		*515*	7,1		
80	**27,7** 26,1	28,2 26,6	542	28,6	34,8	560	15,8	482 448	67	**549** 517		**6,9**	12
85	*28,9*	*29,3*						*512*		*582*	6,4		
90	**30,0** 28,3	30,4 28,7	447	31,9	35,8	564	17,2	539 504	74	**613** 579		6,8	12
95	*31,0*	*31,5*						*572*		*643*	5,7		
100	**32,0** 30,3	32,5 30,7	378	35,0	36,4	567	18,4	596 557	74	**670** 632		6,7	11
105	*32,9*	*33,4*						*626*		*695*	4,8		
110	**33,8** 32,0	34,2 32,4	324	38,0	36,8	571	19,5	644 603	74	**718** 678		6,5	10
115	*34,5*	*35,0*						*666*		*740*	4,2		
120	**35,2** 33,4	35,6 33,8	283	40,9	37,1	575	20,5	684 641	76	**760** 717		6,3	10
125	*35,7*	*36,2*						*700*		*778*	3,5		
130	**36,2** 34,3	36,6 34,8	251	43,7	37,6	578	21,2	716 671	79	**795** 750		6,1	10
135	*36,5*	*37,0*						*730*		*811*	3,0		
140	**36,8** 34,9	37,2 35,3	225	46,4	38,1	582	21,7	743 696	82	**825** 777		5,9	10

[1]) Höhen- bez. Massen-Angaben für die Grenze zwischen I. und II. Standortsklasse.

für Buchenhochwald.

klasse.

Ausscheidender Bestand: Mittelhöhe m	Ausscheidender Bestand: Stammzahl	Ausscheidender Bestand: Mittlerer Durchmesser cm	Ausscheidender Bestand: Stammgrundfläche qm	Ausscheidender Bestand: Formhöhe für die Baumholzmasse	Ausscheidender Bestand: Derbholz-masse fm	Ausscheidender Bestand: Reisholz-masse fm	Ausscheidender Bestand: Baumholz-masse fm	Ausscheidender Bestand: Anteil des Reisigs an der Baumholzmasse in Prozenten	Gesamtbestand: Laufender jährlicher Zuwachs der Stammgrundfläche qm	Gesamtbestand: Laufender jährlicher Zuwachs der Stammgrundfläche in Prozenten (nach vorwärts)	Gesamtbestand: Gesamterzeugung an Baumholzmasse fm	Gesamtbestand: Jährlicher Zuwachs der Baumholzmasse laufender fm	Gesamtbestand: Jährlicher Zuwachs der Baumholzmasse laufender in Prozenten (nach vorwärts)	Gesamtbestand: Jährlicher Zuwachs der Baumholzmasse durchschnittlicher fm	Alter Jahre
15	16	17	18	19	20	21	22	23	24	25	26	27	28	29	30
7,5	11170	1,8	2,9	5,6	2	14	**16**	90		4,8	146		8,8	4,9	30
									0,90			11,4			*35*
11,5	2221	4,3	3,3	7,3	5	19	**24**	80		3,6	260		6,0	6,5	40
									0,89			13,3			*45*
15,1	755	9,0	4,9	8,8	27	16	**43**	38		2,8	393		4,4	7,9	50
									0,80			13,6			*55*
18,1	373	13,1	5,0	10,2	40	11	**51**	21		2,2	529		3,5	8,8	60
									0,69			**13,8**			*65*
20,8	217	16,8	4,8	11,5	46	9	**55**	16		1,7	667		2,7	9,5	70
									0,58			12,8			*75*
23,2	141	20,1	4,5	12,7	48	9	**57**	15		1,4	795		2,2	9,9	80
									0,50			12,1			*85*
25,2	95	23,5	4,1	13,9	49	8	**57**	14		1,3	916		1,9	10,2	90
									0,45			11,5			*95*
27,1	69	26,6	3,8	15,1	50	8	**58**	14		1,1	1031		1,6	10,3	100
									0,42			10,9			*105*
28,7	54	29,9	3,8	16,2	54	7	**61**	12		1,1	1140		1,4	**10,4**	110
									0,39			10,1			*115*
30,0	41	32,9	3,5	17,0	52	7	**59**	12		1,0	1241		1,2	10,3	120
									0,36			8,9			*125*
30,9	32	35,1	3,1	17,6	48	6	**54**	12		0,9	1330		1,0	10,2	130
									0,33			7,9			*135*
31,5	26	36,6	2,7	18,0	43	6	**49**	12		—	1409		—	10,1	140

Alter	Bleibender Bestand												
	Mittelhöhe	Massenhöhe	Stammzahl	Mittlerer Durchmesser	Stamm-grundfläche	Baumformzahl	Formhöhe für die Baumholzmasse	Derbholz-masse	Reisholz-masse	Baumholz-masse	Jährliche Zunahme an Baumholz-masse: laufende	Jährliche Zunahme an Baumholz-masse: durchschnittliche	Anteil des Reisigs an der Baumholz-masse in Prozenten
Jahre	m	m		cm	qm	0,		fm	fm	fm	fm	fm	
1	2	3	4	5	6	7	8	9	10	11	12	13	14
30	9,9[1] **9,2** 8,4[2]	10,3[1] 9,6 8,9[2]	5966	6,2	18,0	648	6,2	35[1] 17 13[2]	95	121[1] **112** 101[2]		3,7	85
35	*11,1*	*11,5*						*75*		*153*	**8,1**		
40	13,9 **13,0** 12,0	14,4 13,4 12,4	2800	10,4	23,8	606	8,1	143 125 107	68	206 **193** 177		4,8	35
45	*14,8*	*15,3*						*170*		*233*	7,9		
50	17,7 **16,6** 15,4	18,2 17,0 15,8	1692	14,5	27,9	573	9,7	233 212 189	60	291 **272** 250		5,4	22
55	*18,2*	*18,6*						*250*		*309*	7,4		
60	20,9 **19,6** 18,2	21,4 20,1 18,7	1163	18,4	30,9	558	11,2	313 291 263	55	370 **346** 320		5,8	16
65	*21,0*	*21,4*						*326*		*383*	7,3		
70	23,7 **22,2** 20,7	24,1 22,7 21,2	865	22,1	33,2	557	12,6	384 356 328	63	448 **419** 388		6,0	15
75	*23,4*	*23,9*						*385*		*453*	6,7		
80	26,1 **24,5** 22,9	26,6 25,0 23,4	676	25,6	34,8	560	14,0	448 413 384	73	517 **486** 451		**6,1**	15
85	*25,6*	*26,0*						*445*		*517*	5,9		
90	28,3 **26,6** 24,9	28,7 27,0 25,3	542	29,0	35,8	564	15,2	504 469 434	76	579 **545** 507		**6,1**	14
95	*27,6*	*28,0*						*497*		*571*	5,0		
100	30,3 **28,5** 26,8	30,7 29,0 27,2	445	32,2	36,3	567	16,4	557 518 478	77	632 **595** 555		6,0	13
105	*29,4*	*29,9*						*543*		*617*	4,3		
110	32,0 **30,2** 28,4	32,4 30,7 28,8	375	35,2	36,5	571	17,5	603 561 519	77	678 **638** 595		5,8	12
115	*31,0*	*31,4*						*585*		*657*	3,7		
120	33,4 **31,6** 29,7	33,8 32,0 30,1	322	38,1	36,7	575	18,4	641 598 553	77	717 **675** 630		5,6	11
125	*32,1*	*32,5*						*615*		*691*	3,0		
130	34,3 **32,5** 30,6	34,8 33,0 31,1	282	40,9	37,0	578	19,1	671 627 579	78	750 **705** 657		5,4	11
135	*32,8*	*33,3*						*639*		*718*	2,5		
140	34,9 **33,0** 31,1	35,3 33,4 31,5	252	43,6	37,6	582	19,4	696 650 601	80	777 **730** 680		5,2	11

[1]) Höhen- bez. Massen-Angaben für die Grenze zwischen I. und II. Standortsklasse.

Ausscheidender Bestand									Gesamtbestand						
Mittelhöhe	Stammzahl	Mittlerer Durchmesser	Stammgrundfläche	Formhöhe für die Baumholzmasse	Derbholz- masse	Reisholz- masse	Baumholz- masse	Anteil des Reisigs an der Baumholzmasse in Prozenten	Laufender jährlicher Zuwachs der Stammgrundfläche	in Prozenten (nach vorwärts)	Gesamterzeugung an Baumholzmasse	Jährlicher Zuwachs der Baumholzmasse laufender	in Prozenten (nach vorwärts)	durchschnittlicher	Alter
m		cm	qm		fm	fm	fm		qm		fm	fm		fm	Jahre
15	16	17	18	19	20	21	22	23	24	25	26	27	28	29	30
6,2	15632	1,2	1,8	5,2	0	9	**9**	100		4,7	121		8,7	4,0	30
									0,84			9,8			*35*
9,7	3166	3,2	2,6	6,5	2	15	**17**	90		3,6	219		5,9	5,5	40
									0,86			11,3			*45*
12,9	1108	7,1	4,4	7,8	11	23	**34**	67		2,7	332		4,3	6,7	50
									0,77			**11,7**			*55*
15,8	529	10,6	4,7	9,1	30	12	**42**	29		2,1	448		3,4	7,5	60
									0,66			**11,7**			*65*
18,1	298	13,5	4,3	10,2	35	9	**44**	20		1,7	565		2,6	8,1	70
									0,55			11,1			*75*
20,2	187	16,1	3,9	11,2	37	7	**44**	16		1,4	676		2,1	8,5	80
									0,47			10,4			*85*
22,1	134	18,8	3,7	12,2	38	7	**45**	15		1,2	780		1,8	8,7	90
									0,42			9,9			*95*
23,9	97	22,1	3,7	13,2	42	7	**49**	15		1,1	879		1,6	8,8	100
									0,39			9,5			*105*
25,4	70	25,8	3,7	14,2	44	8	**52**	15		1,0	974		1,4	**8,9**	110
									0,36			8,7			*115*
26,7	53	28,3	3,3	15,0	43	7	**50**	14		0,9	1061		1,1	8,8	120
									0,33			7,6			*125*
27,6	40	30,5	2,9	15,6	40	6	**46**	13		0,8	1137		0,9	8,7	130
									0,30			6,3			*135*
28,0	30	32,0	2,4	15,9	33	5	**38**	13		—	1200		—	8,6	140

[2]) Höhen- bez. Massen-Angaben für die Grenze zwischen II. und III. Standortsklasse.

Alter	Bleibender Bestand												
	Mittelhöhe	Massenhöhe	Stammzahl	Mittlerer Durchmesser	Stamm-grundfläche	Baumformzahl	Formhöhe für die Baumholzmasse	Derbholz-masse	Reisholz-masse	Baumholz-masse	Jährliche Zunahme an Baumholz-masse: laufende	Jährliche Zunahme an Baumholz-masse: durchschnittliche	Anteil des Reisigs an der Baumholz-masse in Prozenten
Jahre	m	m		cm	qm	0,		fm	fm	fm	fm	fm	
1	2	3	4	5	6	7	8	9	10	11	12	13	14
30	8,4[1]) **7,7** 7,0[2])	8,9[1]) 8,2 7,4[2])	8376	5,0	16,5	671	5,5	13[1]) 9	81	101[1]) **90**		3,0	90
35	*9,4*	*9,8*						*50*		*126*	**7,1**		
40	12,0 **11,0** 10,0	12,4 11,5 10,5	3850	8,6	22,4	629	7,2	107 89 64[2])	72	177 **161** 142[2])		4,0	45
45	*12,6*	*13,1*						*127*		*195*	6,8		
50	15,4 **14,2** 12,9	15,8 14,6 13,4	2259	12,2	26,4	594	8,7	189 165 141	64	250 **229** 204		4,6	28
55	*15,6*	*16,0*						*202*		*262*	6,5		
60	18,2 **16,9** 15,4	18,7 17,3 15,9	1537	15,7	29,8	571	9,9	263 235 205	59	320 **294** 264		4,9	20
65	*18,1*	*18,5*						*267*		*326*	6,3		
70	20,7 **19,2** 17,6	21,2 19,7 18,1	1119	19,2	32,4	561	11,0	328 300 265	57	388 **357** 322		5,1	16
75	*20,3*	*20,8*						*329*		*387*	6,0		
80	22,9 **21,3** 19,6	23,4 21,8 20,1	852	22,6	34,2	561	12,2	384 354 316	63	451 **417** 377		**5,2**	15
85	*22,3*	*22,7*						*377*		***444***	5,3		
90	24,9 **23,2** 21,5	25,3 23,7 21,9	674	25,8	35,2	564	13,3	434 400 358	70	507 **470** 426		**5,2**	15
95	*24,1*	*24,6*						*419*		*493*	4,5		
100	26,8 **25,0** 23,3	27,2 25,5 23,7	544	28,9	35,7	567	14,4	478 438 396	77	555 **515** 467		**5,2**	15
105	*25,8*	*26,3*						*460*		*535*	3,8		
110	28,4 **26,6** 24,8	28,8 27,0 25,2	449	31,9	35,9	571	15,4	519 476 429	77	595 **553** 501		5,0	14
115	*27,2*	*27,7*						*496*		*570*	3,2		
120	29,7 **27,8** 26,0	30,1 28,3 26,5	379	34,8	36,0	575	16,2	553 508 456	77	630 **585** 530		4,9	13
125	*28,3*	*28,8*						*520*		*598*	2,5		
130	30,6 **28,7** 26,9	31,1 29,2 27,3	326	37,6	36,2	578	16,9	579 531 478	79	657 **610** 552		4,7	13
135	*29,0*	*29,5*						*547*		*621*	2,0		
140	31,1 **29,2** 27,3	31,5 29,6 27,7	288	40,2	36,6	582	17,2	601 551 495	79	680 **630** 570		4,5	12

[1]) Höhen- bez. Massen-Angaben für die Grenze zwischen II. und III. Standortsklasse.

Ausscheidender Bestand									Gesamtbestand						
Mittelhöhe	Stammzahl	Mittlerer Durchmesser	Stamm-grundfläche	Formhöhe für die Baumholzmasse	Derbholz-masse	Reisholz-masse	Baumholz-masse	Anteil des Reisigs an der Baumholz-masse in Prozenten	Laufender jährlicher Zuwachs der Stammgrundfläche	Laufender jährlicher Zuwachs der Stammgrundfläche in Prozenten (nach vorwärts)	Gesamterzeugung an Baumholzmasse	Jährlicher Zuwachs der Baumholzmasse laufender	Jährlicher Zuwachs der Baumholzmasse laufender in Prozenten (nach vorwärts)	Jährlicher Zuwachs der Baumholzmasse durchschnittlicher	Alter
m		cm	qm		fm	fm	fm		qm		fm	fm		fm	Jahre
15	16	17	18	19	20	21	22	23	24	25	26	27	28	29	30
4,9	—	—	1,4	—	—	—	—	—		4,5	—		—	—	30
									0,74			—			*35*
7,8	4526	2,1	1,5	5,8	1	8	**9**	90		3,6	170		6,0	4,2	40
									0,81			9,6			*45*
10,8	1591	5,7	4,0	6,9	7	21	**28**	75		2,8	266		4,2	5,3	50
									0,74			**9,7**			*55*
13,2	722	8,4	4,0	8,0	16	16	**32**	49		2,1	363		3,2	6,0	60
									0,63			9,5			*65*
15,4	418	10,5	3,6	9,0	22	10	**32**	32		1,6	458		2,6	6,5	70
									0,52			9,4			*75*
17,3	267	12,8	3,4	9,8	26	7	**33**	23		1,3	551		2,1	6,9	80
									0,44			8,9			*85*
19,0	178	15,5	3,4	10,7	29	7	**34**	18		1,1	640		1,8	7,1	90
									0,39			8,5			*95*
20,7	130	18,4	3,4	11,5	33	7	**40**	16		1,0	725		1,6	7,2	100
									0,36			8,0			*105*
22,1	95	21,3	3,4	12,3	35	6	**41**	15		0,9	804		1,3	**7,3**	110
									0,33			7,2			*115*
23,3	70	23,7	3,1	13,0	34	6	**40**	15		0,8	876		1,1	**7,3**	120
									0,30			6,3			*125*
24,1	53	25,8	2,8	13,6	32	6	**38**	15		0,7	939		0,9	7,2	130
									0,27			5,2			*135*
24,5	38	27,7	2,3	13,9	27	5	**32**	15		—	991		—	7,1	140

[2]) Höhen- bez. Massen-Angaben für die Grenze zwischen III. und IV. Standortsklasse.

Alter	Bleibender Bestand												
	Mittelhöhe	Massenhöhe	Stammzahl	Mittlerer Durchmesser	Stamm-grundfläche	Baumformzahl	Formhöhe für die Baumholzmasse	Derbholz-masse	Reisholz-masse	Baumholz-masse	Jährliche Zunahme an Baumholz-masse: laufende	Jährliche Zunahme an Baumholz-masse: durchschnittliche	Anteil des Reisigs an der Baumholz-masse in Prozenten
Jahre	m	m		cm	qm	0,		fm	fm	fm	fm	fm	
1	2	3	4	5	6	7	8	9	10	11	12	13	14
30	7,0[1] **6,3** 5,5[2]	7,4[1] 6,7 6,0[2]	—	—	—	—	—	—	—	—		—	—
35	*7,7*	*8,1*									—		
40	10,0 **9,1** 8,1	10,5 9,5 8,5	5130	7,0	19,8	661	6,3	64[1] 40 24[2]	84	142[1] **124** 107[2]		3,1	68
45	*10,4*	*10,9*						*81*		*152*	**5,6**		
50	12,9 **11,7** 10,5	13,4 12,2 11,0	3022	10,0	23,7	625	7,6	141 117 92	63	204 **180** 157		3,6	35
55	*12,9*	*13,4*						*146*		*208*	5,5		
60	15,4 **14,0** 12,6	15,9 14,5 13,1	2057	13,0	27,3	596	8,6	205 174 143	61	264 **235** 203		3,9	26
65	*15,1*	*15,5*						*202*		*262*	5,3		
70	17,6 **16,1** 14,6	18,1 16,5 15,0	1502	16,0	30,2	578	9,5	265 230 189	58	322 **288** 247		4,1	20
75	*17,0*	*17,5*						*254*		*313*	5,0		
80	19,6 **18,0** 16,4	20,1 18,4 16,8	1137	19,0	32,3	569	10,5	316 277 228	61	377 **338** 288		**4,2**	18
85	*18,9*	*19,3*						*300*		*361*	4,4		
90	21,5 **19,8** 18,1	21,9 20,2 18,5	879	22,0	33,4	566	11,4	358 317 266	65	426 **382** 325		**4,2**	17
95	*20,7*	*21,1*						*337*		*401*	3,7		
100	23,3 **21,5** 19,8	23,7 22,0 20,2	691	24,9	33,7	567	12,5	396 354 297	65	467 **419** 356		**4,2**	15
105	*22,3*	*22,8*						*371*		*436*	3,1		
110	24,8 **23,0** 21,2	25,2 23,5 21,7	557	27,7	33,6	571	13,4	429 383 323	67	501 **450** 383		4,1	15
115	*23,7*	*24,1*						*394*		*463*	2,5		
120	26,0 **24,2** 22,4	26,5 24,7 22,8	462	30,4	33,5	575	14,2	456 404 343	71	530 **475** 406		4,0	15
125	*24,7*	*25,1*						*418*		*486*	2,0		
130	26,9 **25,0** 23,1	27,3 25,5 23,6	394	33,0	33,7	578	14,7	478 424 361	71	552 **495** 423		3,8	14
135	*25,3*	*25,7*						*433*		*503*	1,5		
140	27,3 **25,4** 23,5	27,7 25,8 23,9	343	35,5	34,0	582	15,0	495 439 372	71	570 **510** 435		3,6	14

¹) Höhen- bez. Massen-Angaben für die Grenze zwischen III. und IV. Standortsklasse.

Ausscheidender Bestand									Gesamtbestand						
Mittelhöhe	Stammzahl	Mittlerer Durchmesser	Stammgrundfläche	Formhöhe für die Baumholzmasse	Derbholz-masse	Reisholz-masse	Baumholz-masse	Anteil des Reisigs an der Baumholzmasse in Prozenten	Laufender jährlicher Zuwachs der Stammgrundfläche	in Prozenten (nach vorwärts)	Gesamterzeugung an Baumholzmasse	Jährlicher Zuwachs der Baumholzmasse laufender	in Prozenten (nach vorwärts)	durchschnittlicher	Alter
m		cm	qm		fm	fm	fm		qm		fm	fm		fm	Jahre
15	16	17	18	19	20	21	22	23	24	25	26	27	28	29	30
—	—	—	—	—	—	—	—	—		—	—		—	—	30
									0,66			--			*35*
6,1	7122	2,0	2,2	5,1	0	11	**11**	100		3,8	135		6,2	3,4	40
									0,74			7,7			*45*
8,5	2108	4,6	3,5	6,0	2	19	**21**	90		2,9	212		4,4	4,2	50
									0,70			**7,8**			*55*
10,6	965	6,7	3,4	6,9	7	16	**23**	68		2,2	290		3,3	4,8	60
									0,60			7,7			*65*
12,5	555	8,4	3,1	7,7	12	12	**24**	49		1,6	367		2,6	5,2	70
									0,49			7,4			*75*
14,2	365	9,9	2,8	8,5	16	8	**24**	33		1,3	441		2,1	5,5	80
									0,41			7,1			*85*
15,9	258	12,1	3,0	9,2	20	7	**27**	25		1,1	512		1,9	5,7	90
									0,36			7,1			*95*
17,5	188	15,1	3,4	10,0	26	8	**34**	22		1,0	583		1,6	5,8	100
									0,33			6,6			*105*
18,8	134	17,7	3,3	10,6	29	6	**35**	18		0,9	649		1,3	**5,9**	110
									0,30			5,9			*115*
19,9	95	20,2	3,0	11,2	28	6	**34**	17		0,8	708		1,0	**5,9**	120
									0,27			4,9			*125*
20,7	68	21,7	2,5	11,6	24	5	**29**	17		0,7	757		0,8	5,8	130
									0,24			3,9			*135*
21,0	51	22,6	2,1	11,9	20	4	**24**	17		—	796		—	5,7	140

[2]) Höhen- bez. Massen-Angaben für die Grenze zwischen IV. und V. Standortsklasse.

V. Standorts-

Alter	Bleibender Bestand												
	Mittelhöhe	Massenhöhe	Stammzahl	Mittlerer Durchmesser	Stammgrundfläche	Baumformzahl	Formhöhe für die Baumholzmasse	Derbholz- masse	Reisholz- masse	Baumholz- masse	Jährliche Zunahme an Baumholzmasse laufende	Jährliche Zunahme an Baumholzmasse durchschnittliche	Anteil des Reisigs an der Baumholzmasse in Prozenten
Jahre	m	m		cm	qm	0,		fm	fm	fm	fm	fm	
1	2	3	4	5	6	7	8	9	10	11	12	13	14
	5,5 [1]	6,0 [1]											
30	**4,8**	5,2	—	—	—	—	—	—	—	—		—	—
35	*6,0*	*6,4*									—		
	8,1	8,5						24		107			
40	**7,1**	7,6	6830	5,7	17,4	691	5,2	9	82	**91**		2,3	90
45	*8,2*	*8,7*						*40*		*113*	**4,3**		
	10,5	11,0						92		157			
50	**9,3**	9,8	4140	8,0	20,8	661	6,4	67	67	**134**		2,7	50
55	*10,3*	*10,8*						*90*		*153*	3,8		
	12,6	13,1						143		203			
60	**11,3**	11,7	2968	10,0	23,3	631	7,4	112	60	**172**		2,9	35
65	*12,2*	*12,6*						*129*		*190*	3,5		
	14,6	15,0						189		247			
70	**13,1**	13,5	2234	12,0	25,3	607	8,2	147	60	**207**		**3,0**	29
75	*13,9*	*14,4*						*163*		*223*	3,2		
	16,4	16,8						228		288			
80	**14,8**	15,2	1735	14,0	26,7	589	9,0	179	60	**239**		**3,0**	25
85	*15,6*	*16,1*						*198*		*254*	2,9		
	18,1	18,5						266		325			
90	**16,4**	16,9	1372	16,0	27,6	576	9,7	214	54	**268**		**3,0**	20
95	*17,2*	*17,7*						*228*		*281*	2,6		
	19,8	20,2						297		356			
100	**18,0**	18,5	1117	17,9	28,1	567	10,5	240	54	**294**		2,9	18
105	*18,8*	*19,2*						*254*		*306*	2,3		
	21,2	21,7						323		383			
110	**19,4**	19,9	934	19,7	28,5	561	11,1	263	54	**317**		2,9	17
115	*20,0*	*20,5*						*275*		*327*	2,0		
	22,4	22,8						343		406			
120	**20,5**	21,0	797	21,4	28,7	561	11,8	283	54	**337**		2,8	16
125	*21,0*	*21,4*						*293*		*345*	1,5		
	23,1	23,6						361		423			
130	**21,3**	21,7	693	23,0	28,8	563	12,2	298	54	**352**		2,7	15
135	*21,5*	*21,9*						*303*		*357*	0,8		
	23,5	23,9						372		435			
140	**21,6**	22,0	613	24,5	28,9	566	12,5	306	54	**360**		2,6	15

[1] Höhen- bez. Massen-Angaben für die Grenze zwischen IV. und V. Standortsklasse.

klasse.

Ausscheidender Bestand									Gesamtbestand						
Mittelhöhe	Stammzahl	Mittlerer Durchmesser	Stammgrundfläche	Formhöhe für die Baumholzmasse	Derbholz-	Reisholz-	Baumholz-	Anteil des Reisigs an der Baumholzmasse in Prozenten	Laufender jährlicher Zuwachs der Stammgrundfläche	in Prozenten (nach vorwärts)	Gesamterzeugung an Baumholzmasse	Jährlicher Zuwachs der Baumholzmasse laufender	in Prozenten (nach vorwärts)	durchschnittlicher	Alter
					masse	masse	masse								
m		cm	qm		fm	fm	fm		qm		fm	fm		fm	Jahre
15	16	17	18	19	20	21	22	23	24	25	26	27	28	29	30
—	—	—	—	—	—	—	—	—		—	—		—	—	30
									0,53			—			*35*
4,3	11713	1,4	1,9	4,0	0	(8)	(8)	100		3,6	91		6,3	2,3	40
									0,63			5,8			*45*
6,3	2690	3,7	2,9	4,9	2	13	**15**	90		3,0	149		4,4	3,0	50
									0,63			**5,9**			*55*
8,0	1172	6,4	3,8	5,6	4	17	**21**	80		2,3	208		3,3	3,5	60
									0,54			5,7			*65*
9,7	734	7,7	3,4	6,4	11	11	**22**	50		1,7	265		2,5	3,8	70
									0,43			5,3			*75*
11,3	499	8,6	2,9	7,2	12	9	**21**	45		1,3	318		2,1	4,0	80
									0,35			4,9			*85*
12,8	363	9,6	2,6	7,8	13	7	**20**	37		1,1	367		1,8	4,1	90
									0,30			4,7			*95*
14,3	255	11,1	2,5	8,5	15	6	**21**	30		0,9	414		1,5	4,1	100
									0,27			4,4			*105*
15,6	183	12,7	2,3	9,1	16	5	**21**	25		0,8	458		1,3	**4,2**	110
									0,24			4,0			*115*
16,6	137	14,1	2,1	9,5	16	4	**20**	22		0,7	498		1,0	4,1	120
									0,21			3,4			*125*
17,2	104	15,3	1,9	9,8	15	4	**19**	22		0,6	532		0,7	4,1	130
									0,18			2,4			*135*
17,5	80	16,2	1,6	10,0	13	3	**16**	19		—	556		—	4,0	140

2. Hauptbestandsmassen

als Funktionen der Bestandshöhen (vergl. Seite 106).

Arithm. mittl. Höhe	Hauptbestands- Masse (Derb- + Reisholz)	Hauptbestands- Baumformzahl	Hauptbestands- Formhöhe	Hauptbestands- Grundfläche	Um 10% ermäßigte Ansätze: Formhöhe	Hauptbestandsmasse (Derb- + Reisholz) bei Vollbestand: 1	0,9	0,8	0,7
m	fm	0,		qm		fm	fm	fm	fm
8	**95**	661	5,6	17,0	5,0	**86**	77	68	60
9	**112**	649	6,1	18,3	5,5	**101**	91	81	71
10	**131**	637	6,7	19,7	6,0	**118**	106	94	83
11	**151**	626	7,2	21,1	6,5	**136**	122	109	95
12	**172**	615	7,7	22,5	6,9	**155**	139	124	108
13	**193**	605	8,1	23,7	7,3	**174**	156	139	122
14	**215**	595	8,6	25,0	7,7	**194**	174	155	135
15	**237**	586	9,1	26,2	8,2	**213**	192	171	149
16	**259**	578	9,5	27,2	8,6	**233**	210	186	163
17	**282**	571	10,0	28,3	9,0	**254**	228	203	178
18	**307**	565	10,4	29,5	9,4	**276**	249	221	193
19	**332**	561	10,9	30,4	9,8	**299**	269	239	209
20	**358**	558	11,4	31,4	10,3	**322**	290	258	226
21	**385**	557	12,0	32,2	10,8	**347**	312	277	243
22	**412**	557	12,5	33,0	11,3	**371**	334	297	260
23	**440**	558	13,1	33,6	11,8	**396**	356	317	277
24	**467**	559	13,7	34,2	12,3	**420**	378	336	294
25	**495**	561	14,3	34,7	12,9	**446**	401	356	312
26	**523**	562	14,9	35,2	13,4	**471**	424	377	329
27	**550**	564	15,5	35,5	13,9	**495**	446	396	347
28	**578**	566	16,1	35,9	14,5	**520**	468	416	364
29	**605**	568	16,7	36,2	15,1	**545**	490	436	381
30	**632**	571	17,4	36,3	15,7	**569**	512	455	398
31	**659**	573	18,0	36,6	16,2	**593**	534	474	415
32	**686**	576	18,7	36,7	16,8	**617**	556	494	432
33	**714**	578	19,3	36,9	17,4	**643**	578	514	450
34	**741**	581	20,0	37,0	18,0	**667**	600	534	467
35	**768**	583	20,7	37,2	18,6	**691**	622	553	484
36	**796**	586	21,4	37,3	19,2	**716**	645	573	501
37	**824**	588	22,0	37,4	19,8	**742**	667	593	519

3. Zuwachsprozenttafel
für geschlossene Buchenbestände I. bis III. Standortsklasse
(vergl. Seite 104 und 105).

Alter Jahre	Grundflächen-	Baumholz-	Derbholz-	Zuwachskonstanten der Schneiderschen Formel für Baumholz	Derbholz
	Zuwachsprozent (jährliches) für die nächsten 10 Jahre				
30	4,6	8,7	—	750	—
40	3,6	6,0	7,7	660	850
50	2,8	4,3	5,1	620	730
60	2,1	3,4	3,6	630	670
70	1,7	2,6	2,7	640	660
80	1,4	2,2	2,2	640	640
90	1,2	1,8	1,9	620	640
100	1,1	1,6	1,7	600	640
110	1,0	1,4	1,4	560	590
120	0,9	1,1	1,1	500	500
130	0,8	0,9	0,9	460	480

4. Ausbauchungsreihen für Buchenstämme
(vergl. Seite 86).

Mittlere Bestandshöhe m	Verhältniszahlen der Stammdurchmesser bei 1,30	2	3	4	5	6	7	8	9	10
	Meter Höhe über dem Boden									
18 — 20	100	96	92	89	86	83	80	78	75	73
21 — 23	100	96	93	90	87	85	82	80	78	76
24 — 26	100	96	93	91	88	86	84	82	80	78
27 — 29	100	97	94	92	90	88	86	84	82	80
30 — 32	100	97	94	92	90	88	87	85	84	82
33 — 35	100	97	94	93	91	89	88	86	85	84
36 — 38	100	97	95	93	92	90	89	88	87	86

5. Ausgeglichen…

Massenhöhe m	Mittlerer Bestandsdurchmesser i… 7	8	9	10	11	12	13	14	15	16	17	18	19	20	21	22	23	24	25	26	2…
10	630	*635*																			
11	624	625	*626*	*627*																	
12	618	619	620	621	622																
13	*608*	*609*	610	611	612	613	614	*615*													
14	—	—	*598*	599	600	601	602	*603*													
15	—	—	*586*	*587*	*588*	589	590	591	592	593	*594*										
16	—	—	—	*577*	*578*	579	580	581	582	583	584										
17	—	—	—	—	*569*	*570*	571	572	573	574	576	578	580	*582*	*584*						
18	—	—	—	—	—	*562*	*563*	564	566	568	570	571	573	*575*	*577*	579					
19	—	—	—	—	—	—	*558*	*559*	*560*	562	563	564	566	568	*570*	*572*	574				
20	—	—	—	—	—	—	*553*	*554*	*555*	556	557	558	559	561	564	*567*	*570*	*573*	*576*	*579*	
21	—	—	—	—	—	—	—	*548*	*549*	550	552	553	555	557	560	563	566	569	*572*	*575*	*57*
22	—	—	—	—	—	—	—	—	—	*543*	545	547	550	553	556	559	562	565	*568*	*571*	*57*
23	—	—	—	—	—	—	—	—	—	*539*	541	543	546	549	552	555	559	562	565	568	57
24	—	—	—	—	—	—	—	—	—	*536*	*538*	*540*	*542*	545	548	551	555	559	562	565	56
25	—	—	—	—	—	—	—	—	—	—	—	—	*538*	*540*	543	547	551	555	559	562	56
26	—	—	—	—	—	—	—	—	—	—	—	—	*533*	*535*	*539*	*543*	547	551	555	559	56
27	—	—	—	—	—	—	—	—	—	—	—	—	—	—	—	*540*	*544*	548	552	556	55
28	—	—	—	—	—	—	—	—	—	—	—	—	—	—	—	*538*	*542*	546	550	553	55
29	—	—	—	—	—	—	—	—	—	—	—	—	—	—	—	*536*	*540*	*544*	547	550	55
30	—	—	—	—	—	—	—	—	—	—	—	—	—	—	—	—	—	—	*544*	*546*	54…
31																					
32																					
33																					
34																					
35																					
36																					
37																					
38																					
39																					
40																					

Anmerkung: Die Formzahlen gelten für die sog. Bestandsmassenhöhe, die durchschnittlich ½ u…

Bestands-Baumformzahlen.

1,3 m über dem Boden: cm																					Massenhöhe
28	29	30	31	32	33	34	35	36	37	38	39	40	41	42	43	44	45	46	47	48	m
																					10
																					11
																					12
																					13
																					14
																					15
																					16
																					17
																					18
																					19
																					20
581	584	587	589	591	—	—	—	—	—	—	—	—	—	—	—	—	—	—	—	—	21
577	581	585	587	989	—	—	—	—	—	—	—	—	—	—	—	—	—	—	—	—	22
574	578	581	584	586	—	—	—	—	—	—	—	—	—	—	—	—	—	—	—	—	23
571	574	577	580	582	585	587	590	592	594	597	599	601	—	—	—	—	—	—	—	—	24
568	570	573	575	578	581	584	586	589	592	594	596	598	—	—	—	—	—	—	—	—	25
565	567	570	572	575	578	581	583	586	589	591	593	595	—	—	—	—	—	—	—	—	26
562	564	567	569	572	575	578	580	583	585	588	590	592	—	—	—	—	—	—	—	—	27
559	562	564	567	570	573	575	578	580	582	584	587	589	—	—	—	—	—	—	—	—	28
556	559	562	564	567	570	572	575	577	579	581	584	586	—	—	—	—	—	—	—	—	29
553	556	559	561	564	567	569	572	575	577	579	581	583	584	585	586	587	—	—	—	—	30
550	553	556	559	562	565	567	570	572	575	577	579	581	582	583	584	585	—	—	—	—	31
548	550	553	556	559	562	565	568	571	573	575	577	579	580	581	582	583	—	—	—	—	32
547	549	551	554	557	560	563	566	569	571	573	575	577	578	579	580	582	—	—	—	—	33
						562	565	568	570	572	574	576	577	578	579	581	—	—	—	—	34
						561	564	567	569	571	573	575	576	577	578	580	582	584	585	587	35
						560	563	566	568	570	572	574	575	576	577	579	581	583	585	586	36
						559	562	565	567	569	571	573	574	575	576	578	580	582	584	585	37
														574	575	577	579	581	582	583	38
														573	574	575	577	578	579	581	39
														572	573	574	576	577	578	580	40

größer ist, als die arithmetisch-mittlere Bestandshöhe (vergl. S. 79).

6. Ausgeglichene Bestands-

Massenhöhe m	Mittlerer Bestandsdurchmesser in																				
	7	8	9	10	11	12	13	14	15	16	17	18	19	20	21	22	23	24	25	26	27
10	200	310																			
11	200	310	369	399																	
12	200	310	369	399	418																
13	200	310	369	399	418	431	441	447													
14	—	—	369	399	418	431	441	447													
15	—	—	369	399	418	431	441	448	453	457	460										
16	—	—	—	399	418	431	441	448	453	457	460										
17	—	—	—	—	418	431	441	448	453	458	461	463	465	467	469						
18	—	—	—	—	—	431	441	449	454	458	461	464	466	468	470	472					
19	—	—	—	—	—	—	441	449	454	458	461	464	466	468	470	472	474				
20	—	—	—	—	—	—	441	449	455	459	462	464	466	468	470	472	474	476	478		
21	—	—	—	—	—	—	—	450	455	459	462	465	467	469	471	473	475	477	479	481	483
22	—	—	—	—	—	—	—	—	—	459	462	465	467	469	471	473	475	477	479	481	483
23	—	—	—	—	—	—	—	—	—	460	462	465	467	469	471	474	476	478	480	482	484
24	—	—	—	—	—	—	—	—	—	460	463	466	468	470	472	474	476	478	480	482	484
25	—	—	—	—	—	—	—	—	—	—	—	—	468	470	472	474	476	478	481	483	485
26	—	—	—	—	—	—	—	—	—	—	—	—	468	470	472	475	477	479	481	483	485
27	—	—	—	—	—	—	—	—	—	—	—	—	—	—	—	475	477	479	482	484	486
28	—	—	—	—	—	—	—	—	—	—	—	—	—	—	—	475	477	480	482	484	486
29	—	—	—	—	—	—	—	—	—	—	—	—	—	—	—	476	478	480	483	485	487
30	—	—	—	—	—	—	—	—	—	—	—	—	—	—	—	—	—	—	483	485	487
31																					
32																					
33																					
34																					
35																					
36																					
37																					
38																					
39																					
40																					

Derbholzformzahlen.

1,3 m Höhe über dem Boden: cm

28	29	30	31	32	33	34	35	36	37	38	39	40	41	42	43	44	45	46	47	48	Massenhöhe m
																					10
																					11
																					12
																					13
																					14
																					15
																					16
																					17
																					18
																					19
																					20
485	487	489	491	493	—	—	—	—	—	—	—	—	—	—	—	—	—	—	—	—	21
485	487	489	491	493	—	—	—	—	—	—	—	—	—	—	—	—	—	—	—	—	22
486	488	490	492	494	—	—	—	—	—	—	—	—	—	—	—	—	—	—	—	—	23
486	488	490	492	494	496	498	500	502	504	506	508	510	513	—	—	—	—	—	—	—	24
487	489	491	493	495	497	499	501	503	505	507	509	511	513	—	—	—	—	—	—	—	25
487	489	491	493	495	497	499	501	503	505	507	509	511	513	—	—	—	—	—	—	—	26
488	490	492	494	496	498	500	502	504	506	508	510	512	514	—	—	—	—	—	—	—	27
488	490	492	494	496	498	500	502	504	506	508	510	512	514	—	—	—	—	—	—	—	28
489	491	493	495	497	499	501	503	505	507	509	511	513	514	—	—	—	—	—	—	—	29
489	491	493	495	497	499	501	503	505	507	509	511	513	515	516	517	517	—	—	—	—	30
490	492	494	496	498	500	502	504	506	508	510	512	514	515	516	517	517	—	—	—	—	31
490	492	494	496	498	500	502	504	506	508	510	512	514	515	516	517	518	—	—	—	—	32
491	493	495	497	499	501	503	505	507	509	511	513	515	516	517	518	518	—	—	—	—	33
						503	505	507	509	511	513	515	516	517	518	518	—	—	—	—	34
						504	506	508	510	512	514	516	517	517	518	519	519	520	520	521	35
						504	506	508	510	512	514	516	517	518	519	519	520	520	521	522	36
						505	507	509	511	513	515	516	517	518	519	519	520	520	521	522	37
														518	519	520	520	521	521	522	38
														519	520	520	521	521	522	523	39
														519	520	520	521	521	522	523	40

7. Prozentische Anteile des Reisigs an der Bestandsmasse (vergl. S. 93).

1. Für die Baummasse.

Massen-Höhe m	Mittlere Bestandsstärke in cm: 7	8	9	10	11	12	13	14	15	16 bis 20	21 bis 25	26 bis 30	31 bis 35	36 bis 40	41 bis 45	46 bis 50
	Auf 100 fm oberirdische Holzmasse entfallen an Reisig fm															
10, 11	68	50	41	36												
12, 13	67	49	40	35	32	30										
14, 15	—	—	38	33	30	28	26	25								
16, 17	—	—	—	31	27	25	23	22	22	20						
18, 19	—	—	—	—	—	—	21	20	19	18	18					
20, 21	—	—	—	—	—	—	—	18	17	16	17					
22, 23	—	—	—	—	—	—	—	—	—	15	15	16				
24, 25	—	—	—	—	—	—	—	—	—	13	14	15	15	15		
26, 27	—	—	—	—	—	—	—	—	—	—	13	14	14	14		
28, 29	—	—	—	—	—	—	—	—	—	—	12	12	13	13		
30, 31	—	—	—	—	—	—	—	—	—	—	—	11	12	12	12	
32, 33	—	—	—	—	—	—	—	—	—	—	—	10	11	11	11	
34, 35	—	—	—	—	—	—	—	—	—	—	—	—	—	10	10	11
36, 37	—	—	—	—	—	—	—	—	—	—	—	—	—	10	10	11
38, 39	—	—	—	—	—	—	—		—	—	—	—	—	—	—	10

2. Für die Derbholzmasse.

Massen-Höhe m	Mittlere Bestandsstärke in cm: 7	8	9	10	11	12	13	14	15	16 bis 20	21 bis 25	26 bis 30	31 bis 35	36 bis 40	41 bis 45	46 bis 50
	Auf 100 fm Derbholz entfallen an Reisig fm															
10, 11	214	103	70	57												
12, 13	206	98	67	54	48	43										
14, 15	—	—	60	49	42	38	35	34								
16, 17	—	—	—	42	37	33	30	29	27	26						
18, 19	—	—	—	—	—	—	27	25	24	22	22					
20, 21	—	—	—	—	—	—	—	23	21	19	20					
22, 23	—	—	—	—	—	—	—	—	—	17	18	19				
24, 25	—	—	—	—	—	—	—	—	—	16	16	17	18	18		
26, 27	—	—	—	—	—	—	—	—	—	—	14	16	16	16		
28, 29	—	—	—	—	—	—	—	—	—	—	13	14	15	15		
30, 31	—	—	—	—	—	—	—	—	—	—	—	13	13	13	13	
32, 33	—	—	—	—	—	—	—	—	—	—	—	11	12	12	12	
34, 35	—	—	—	—	—	—	—	—	—	—	—	—	—	12	12	12
36, 37	—	—	—	—	—	—	—	—	—	—	—	—	—	11	11	12
38, 39	—	—	—	—	—	—	—	—	—	—	—	—	—	—	—	11

Höhen-Ertragskurven für die ungekürzte Baumholzmasse des bleibenden Bestandes.

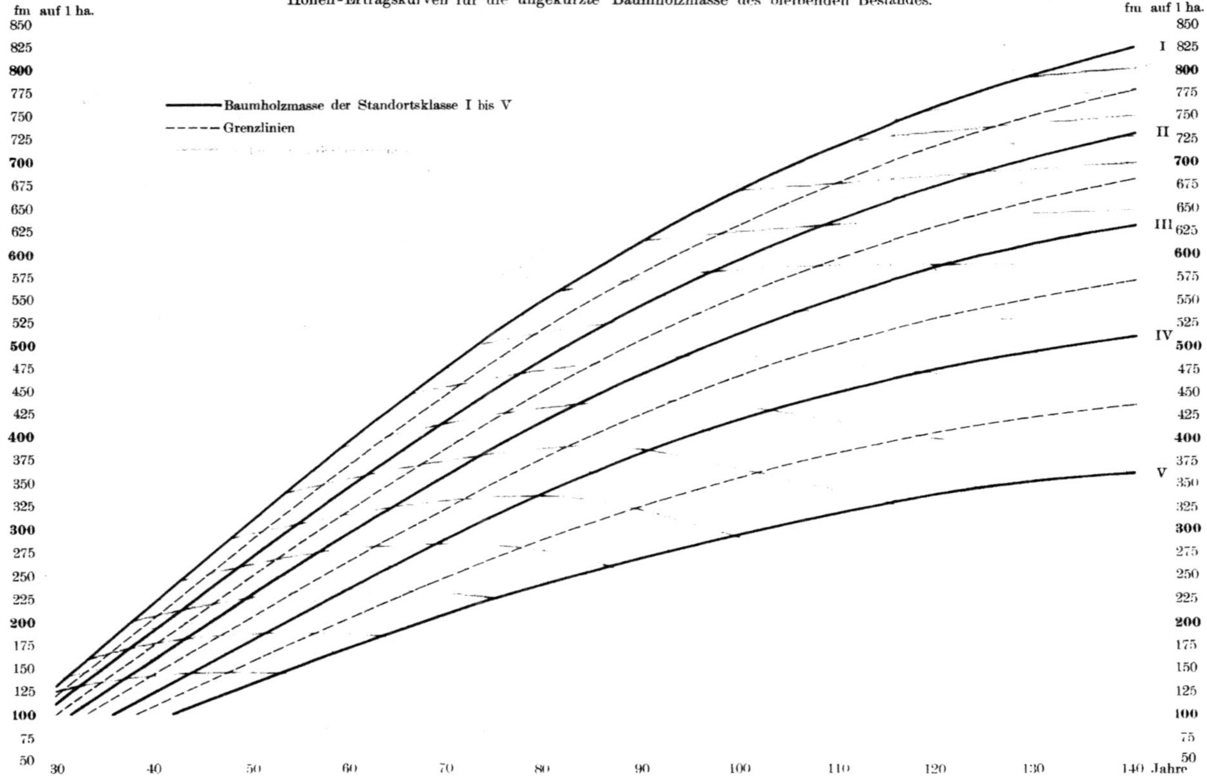

Verlag von Julius Springer in Berlin.

Höhen-Ertragskurven für die ungekürzte Derbholzmasse des bleibenden Bestandes.

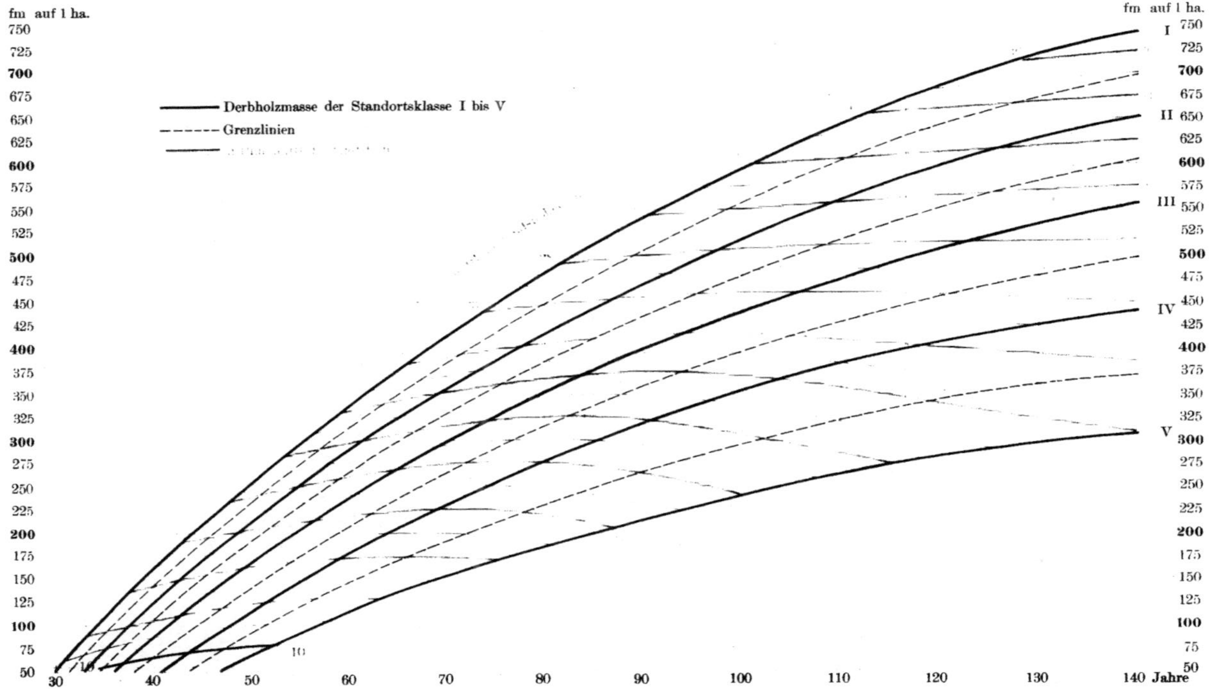

Verlag von Julius Springer in Berlin.

GPSR Compliance

The European Union's (EU) General Product Safety Regulation (GPSR) is a set of rules that requires consumer products to be safe and our obligations to ensure this.

If you have any concerns about our products, you can contact us on ProductSafety@springernature.com

In case Publisher is established outside the EU, the EU authorized representative is:

Springer Nature Customer Service Center GmbH
Europaplatz 3
69115 Heidelberg, Germany

Batch number: 10682439

Printed by Printforce, the Netherlands